全国教育科学"十一五"规划课题研究成果

高等院校工业设计专业系列教材

工业设计方法

卢艺舟 华梅立 编著

高等教育出版社·北京

全国教育科学"十一五"规划课题研究成果
高等院校工业设计专业系列教材

编委会

主　审：李加林　许喜华
主　编：孙颖莹　卢艺舟
副主编：梁玲琳　吴佩平　林　璐　李　锋　张祖耀　邱潇潇　潘　荣
编　委：李　南　于　默　傅晓云　朱　媛　华梅立　熊文湖　许熠莹
　　　　延　鑫　吴　丹　郑林欣　汪　颖　元丽莉　孟　闯　夏　芒
　　　　李雪莲　周　鼎　王刚强　沈　嘉

　　本套教材编写受教育部新世纪教学研究所课题"艺工结合类教学资源建设与应用"的项目资助。

内容提要

　　本书共 12 章，分为四个部分。第一部分为第一章，介绍了设计方法的基本知识；第二部分为第二章至第六章，介绍了面向设计的市场研究方法；第三部分为第七章至第十章，介绍了易学易用的用户研究方法；第四部分为第十一章、第十二章，介绍了快速有效的设计创意方法。全书最后选择了一个完整的案例进行设计方法的分析。各章节互为承接，又有一定的独立性，可以根据需要进行学习。

　　本书适用于工业设计本科以及部分高职、高专院校相关专业的教学，也可供工业设计相关从业人员阅读使用。

序

我一直认为,工业设计不仅是一门富于"行"的学科,更是富于"思"的学科。

所谓"行",就是行动、实践、操作活动等。

所谓"思",就是思想、思维、思考。工业设计不仅要谈设计程序与设计方法等涉及"怎么做"这一"行"的方法论问题,更要论及"为什么要这么做"这一涉及设计本体论的"思"的问题。"工业设计应当通过将'为什么'的重要性置于对'怎么样'这一早熟问题的结论性回答之前,在人们和他们的人工环境之间寻求一种前摄的关系"(《2001汉城工业设计家宣言》)。因此,"思"的问题,即"为什么"的问题,应该成为工业设计教学与研究中的首要内容之一。因为背离目的的设计活动无论在其后的设计实践中如何精彩与动人,都是失败的。因此,设计活动的首要问题应是思想而不是实践,这与工程活动恰恰相反。"工程活动的本质是行动而不是思想,是实践而不是设计。"[①]

工业设计的"思",首先是指对设计目的、设计思想、设计观念、设计价值、设计意义、设计理念与设计原则等的研究及探求;然后是对设计程序、设计方法等的研究。也就是说,"思"既涉及本体论层面,也涉及方法论层面。

"思"的重要性是不言而喻的。

比如,我们对工业设计学科一直缺乏系统的、清晰的、明确的、本质的认知,这与缺乏"从文化高度、以文化视野"观察、分析并研究工业设计学科密切相关。也就是说,如果我们不能从文化的高度、以文化的视野去"思"考工业设计,那么工业设计的学科性质、工业设计的本质等这些涉及工业设计学科本体论的结构与内容,将永远被工业设计的视觉化追求遮蔽着。一个学科只有把它置于人类文化的结构中,考察它与其他文化结构要素的相互关系与作用,即它的"本质与力量"在其他文化要素或学科上的"映射"与"外化",才能

---
① 李伯聪. 工程哲学引论. 郑州:大象出版社,2002:22.

体现出它的性质与特征。正如测试一个人力量的大小，只有通过他把对手摔倒在地，或把一块大石头搬起、改变其位置等这些力量"映射"与"外化"的特征才能得知，一个学科的性质是不可能在其自身的封闭体系中苦苦"寻求"而得到的。

比如，若把人的需求放到哲学范畴中"思"考，许多感觉上"满足人的需求"的所谓人性化设计其实是非人性化的。因为当把"人—物"系统推进到"人—物—环境"系统中时，设计"满足人的需求"的目标也就被提升为设计"满足人的需求"与"满足环境许可"的双重要求。只有在"环境许可"条件下的"人的需求"的满足，设计才是可持续发展的，设计才具有完全意义上的"人性化"。

另外，"人的需求"如果失去"人的终极发展目标"的引导，满足"人的需求"的所谓人性化设计也必将异化为非人性化设计而走向设计初衷的反面。

比如，我们必须"思"考工业设计学科的系统论特征。工业设计是在"人—物—环境"系统中、在系统最优化前提下的物的求解活动。把物的求解活动置于"系统最优化"的前提下，有其深刻的哲学与人文意义：物作为人与环境的中介——工具与手段，是为实现人的目的服务的。人的某种目的的实现离不开一定环境的制约，因此这一目的最终是在"人—物—环境"系统中完成的，并把该系统的"最优化"作为目的实现的评价体系。这样，物自身是否最优化，"人—物"系统是否最优化都不再是独立的评价物的设计的优劣标准。因为它们的最优化并不一定使"人—物—环境"系统最终达到最优化的结果。这是系统论的基本思想之一。

工业设计引进系统论的思想与方法，使工业设计从初期的艺术灵感论、造型经验论发展为今天可控的科学论与系统论。可以说，工业设计的一个重要特征就是运用系统论的观念、思想和方法进行物的求解，如此这样求解出的物，才能达到预设的目的。

再比如，我们应该"思"考，设计的重点是物还是人。设计的真正重点不是设计了什么，而是针对人在生存与发展进程中产生的种种需求，设计满足了什么。因此，设计的根本在于对人的关怀与尊重，其目的是为人提供选择的多种可能性，将人从各种规定性中解放出来，以"人的方式"建立起人与物、人与自然的和谐关系，人通过对物的驾驭显现自身的尊严。

工业设计历经对技术的关注、对艺术的关注，现在进入对主体的关注，标志着工业设计正从视觉的层面进入思维的层面，从客体的层面进入主体的层面，从作为手段的科学层面进入作为目的的、表明人的智慧的文化哲学层面，这正是工业设计一步步走向"成熟"的标志。

由孙颖莹、卢艺舟等老师编写的这套"高等院校工业设计专业系列教材"表面上属于"行",即工业设计实践与操作的层面,似乎与上述的"思"关系不大。但从送交到我手上的书稿来看,显然他们在设计方法论层面上的"思"有着很多很好的尝试,比如新颖的教学内容编排、对不同课程间内容的相互支撑的重视、选例贴近生活等,他们对设计的思考为教学和设计实践提供了更多指向明确、操作性强的方法与手段。实际上,方法论层面的"思"是离不开本体论层面的"思"的。没有前者的思与行,后者的"思"仅仅是理想,是空想。前者的"思"是后者"思"的具体化与可操作化,后者的"思"则是前者"思"的原则与理念。

近年来,工业设计专业的教材无论在品种上,还是在数量上都有了很大的发展。本套教材是结合国家"十一五"规划课题"我国高校应用型人才培养模式研究"中的重点项目——"艺术设计类专业课程体系改革和教学资源建设",由浙江理工大学作为艺术类项目牵头单位,在中国美院、浙江科技学院、中国计量学院等学校的热情参与和支持下,以推进高质量有特色的工业设计专业教材和优质数字化资源建设为项目主要建设目标,经过细致规划后推出的。我们希望有更多像这样能体现"思"的深度与广度的教材出现,满足我国工业设计教育快速发展的需要。

教育部工业设计专业教学分指导委员会委员、浙江大学教授

许喜华

2009 年 8 月 10 日

目 录

001　前　言

005　第一章　设计方法概述

005　第一节　方法和方法论
006　第二节　设计方法的发展
009　第三节　关于本书
009　练习题

011　面向设计的市场研究方法

015　第二章　产品的生命周期

016　第一节　引入期
017　第二节　成长期
018　第三节　成熟期
018　第四节　衰退期
019　练习题

023　第三章　市场细分和定位

023　第一节　市场细分
032　第二节　市场定位
040　练习题

043　第四章　品牌研究

043　第一节　品牌与品牌形象
050　第二节　品牌个性

051　　练习题

▶▶ 053　**第五章　竞争对手调查**

053　　第一节　竞争对手调查的内容
054　　第二节　竞争对手调查的方法
061　　练习题

▶▶ 063　**第六章　趋势研究**

064　　第一节　社会文化趋势研究
070　　第二节　设计趋势研究
074　　练习题

▶▶▶▶ 075　**易学易用的用户研究方法**

▶▶ 077　**第七章　用户研究概述**

077　　第一节　用户研究的意义、对象和原则
080　　第二节　用户研究的基本方法
081　　练习题

▶▶ 083　**第八章　现场调查方法**

083　　第一节　什么是现场调查方法
084　　第二节　纯观察法
086　　第三节　深入调查法
087　　第四节　情境调查法
089　　第五节　流程分析法
092　　练习题

▶▶ 093　**第九章　角色构建方法**

093　　第一节　角色构建方法概述

094	第二节	定量与定性的角色构建
095	第三节	构建人物角色模板的方法
101	第四节	灵活应用人物角色的方法
103	练习题	

105　第十章　可用性测试方法

105	第一节	可用性的五个属性
106	第二节	可用性测试的目的与内容
107	第三节	常用的可用性测试方法
109	第四节	可用性测试问卷
112	练习题	

113　快速有效的设计创意方法

115　第十一章　快速有效的创意思维

116	第一节	快速展开创意的思维方法
125	第二节	创意点重构
138	练习题	

139　第十二章　快速有效的设计方法

139	第一节	设计流程中的常见问题与 IDEO 设计创新流程
141	第二节	剧本导引设计方法
148	第三节	以原型构建为核心的设计方法
154	第四节	简单法则
159	练习题	

161　附录　案例分析

179　参考文献

前　言

一、本书的内容

设计方法是设计师完成设计任务、解决设计问题的手段和程序。随着社会的发展和工业设计范畴的扩大，工业设计的任务由最初的造型设计拓展到今天的产品策划、设计管理乃至道德规范、人类利益的维护（参考 ICSID 2006 年对工业设计的新定义描述）。设计师有了更广阔的空间可以施展其才华，实现其抱负。但同时这也要求设计师的知识面更广，需要经常从事跨学科的合作，能充分理解用户，要与市场策划人员、工程师、生产商、零售商进行很好的配合。在整个设计环节中，设计师正逐渐地发挥着良好的媒介作用。为了更好地研究消费市场和消费者，为了充分地发挥设计创意，为了保证设计质量，设计师需要有一系列的设计方法来指导设计。

设计方法的范围很广，而且在不断发展中。本书并没有也不可能对设计方法进行全面介绍，而是为工业设计专业的学生重点选取了部分应用广泛、行之有效的设计方法。这些方法源自不同的学科领域，如人类学、消费者行为学、市场学、心理学、创造学等，但都针对学生需求进行了简化和调整，力求高效、实用。本书在介绍具体的设计方法的同时，对其理论背景也进行了较详细的论述，并辅以大量的图例和精心设计的练习使学习者能尽快理解并运用这些方法。

本书第一章为概述，介绍了设计方法的基本知识。第二章至第十二章重点介绍具体的设计方法和相关理论，并根据设计流程分为三个部分，分别是面向设计的市场研究方法（第二章至第六章）、易学易用的用户研究方法（第七章至第十章）和快速有效的设计创意方法（第十一章、第十二章），从市场、用户和创意角度对内容进行组织。全书最后选择了一个完整的案例进行设计方法的分析。

二、本书的使用与教学安排

本书是针对高等院校工业设计专业所编写的教材，适用于工业设计本科以及部分高职、高专院校相关专业的教学。本书各章节具有一定的独立性，教师可以根据实际情况有选择有重点地进行讲解。

工业设计方法既有学科基础课的性质，也具有专业设计课的特点；既可以独立设课，也可以整合到产品设计、专题设计课程中去，结合实际设计任务进行教学。

1. 本课程的特点与总体安排建议

课程名称	课程类别与特性	课堂讲授	实验、习题与讨论	考核方式	展示方式
工业设计方法	①该课程既有学科基础课的性质，也具有专业设计课的特点，可独立设课，也可整合到产品设计、专题设计课程中。 ②使学生掌握市场研究、用户研究和设计创意的重要设计方法并能在实际设计中予以应用。 ③使学生对人类学、消费者行为学等工业设计的交叉学科产生兴趣，拓宽学生知识面，为学生的深入研究奠定基础。 ④课程的创新点在于所讲授的方法广、多学科视角、实用、易用。	课堂讲授课时可占总课时的40%～60%，其余的课时安排调研、课堂练习与讨论。 要将精讲和串讲结合起来：对重要方法及其理论背景要深入讲解分析；对常识性或较为直观的内容要串讲。如果在产品设计或专题设计课程中使用本书，则可选择与设计课题相关内容进行重点讲授。	①本课程的实验主要集中在设计创意方法部分，可以在课堂完成，不需要特别的场地。 ②市场研究和用户研究部分，尽可能结合实例组织调研，调研结果需要进行课堂讨论。 ③每章都提供了课后练习题供教师参考。 ④大作业应围绕设计项目进行，将知识点贯穿起来。可以仅仅完成市场、用户研究和初期创意，提交调研报告。	以课程大作业（设计报告或调研报告）为主要考核方式，结合平时练习（调研）与课堂讨论表现，酌情考虑考勤情况。	选择优良的作业进行主题展览，可以通过展厅、网络等方式进行，形成良好的学习氛围，激发学生的学习兴趣。

2. 课时分配建议

在工业设计专业课程设置中，工业设计方法通常作为专业必修课，一般为 3 学分、48 课时；也有部分院校是 2 学分、32 课时；还有一部分学校将工业设计方法融入产品设计或专题设计课程中有选择地进行讲授，授课时间相应缩短。如果以本书为教材，完整讲授本书内容并完成练习，推荐 3 学分、48 课时的设置。

针对这样的课时安排，对课内学时的分配建议如下：

课堂讲授：	24 课时
课堂讨论：	8 课时
课堂练习（实验）：	4 课时
课程设计（调研）：	12 课时

以上安排仅供参考，教师根据实际教学情况，可以进行适当调整。

3. 实验（践）教学安排

本书包含了市场研究、用户研究和设计创意方法等方面内容。市场研究需要组织学生进行市场调研，很难在课内完成。用户研究和设计创意方法部分在教学中可安排一定数量的课堂实验。部分实验也可以让学生在寝室完成，以录像形式进行课堂交流。以用户研究为例，图 0-1 是浙江科技学院学生在进行豆浆机设计时，对豆浆机进行用户研究的录像截图。教师提供豆浆机给学生，要求学生在不看说明书的情况下制作豆浆，将制作过程和清洗过程录制下来，课堂讨论时分享自己在制作过程中的感受。学生在亲身体验用户行为和心理时发现了很多设计上存在的问题。

▶ 图 0-1 用豆浆机制作豆浆

4. 作业与考核

作业是课程教学的重要内容，合理的习题设置是提高教学质量的有效环节。本课程建议将课程大作业和专题练习（调研）作为主要的作业任务，同时结合课堂讨论。课程大作业以设计报告为主，如时间较紧也可考虑调研报告。

课程考核评分建议采用以下分配比例：

大作业（设计报告或调研报告）　　　　　　　60%

小作业（专题练习、专题调研）　　　　　　　30%

课堂讨论、考勤等平时表现　　　　　　　　　10%

也有一些学校将工业设计方法课程设置成了"考试课"，作者认为设置为"考查课"更加合适。本课程内容不需要过多的记忆，重要的是对方法的认识与理解，并将设计方法运用到实际设计当中，从而解决设计中遇到的问题。因而在学习与考核的方式上，应充分调动学生的积极性和能动性，培养学生关注社会文化、关注市场、观察用户、全方位思考的习惯，拓展学生的知识面，增强对专业学习的兴趣。

三、本书的编写情况

本书由浙江科技学院卢艺舟、华梅立共同编写，其中卢艺舟设定了全书的内容框架并执笔第一章至第六章以及附录案例，第七章至第十二章由华梅立与卢艺舟共同执笔，全书由卢艺舟统稿。书中包含了作者在工业设计专业开展设计方法教学过程中的一些经验与尝试，抛砖引玉，供广大工业设计专业师生与相关设计人员参考。由于时间和水平所限，书中难免会有很多不足、不妥之处，恳请广大读者批评指正。

在本书的撰写过程中，得到了很多朋友、同事、同行和前辈的支持与指导。浙江理工大学工业设计系孙颖莹老师是本书的促成者，没有她的牵线和敦促就没有本书的诞生。同事、好友郑林欣博士夫妇慷慨提供了品牌研究的部分资料；浙江科技学院陈姿孜等同学为市场研究部分的撰写提供了珍贵的调研资料；淘宝网 UED 费钎研究员为用户研究部分提供了大量帮助；本书引用了较多的图片资料，部分来自学生作业，还有部分资料由于时间仓促，没有及时与作者取得联系，请相关作者与本书作者联系（artilu@126.com）；本书在撰写的过程中，参考了一些著名设计公司、设计团队最新的设计方法，如 SONY 公司的生命周期设计策略、IDEO 公司的方法卡片、Philips Design 的 High design 设计程序、三星的设计调研程序等。我们谨在此表示由衷的感谢。

作者

2009 年 8 月

第一章
设计方法概述

▶ 学习目的与要求：
  本章对设计方法进行概述，要求学生理解方法和方法论的区别和联系，了解设计方法的发展历程和重要文献。

▶ 重点：
  从具体的、应用的角度去看待设计方法。

▶ 难点：
  无。

第一节　方法和方法论

　　提起方法，人们脑子里面会涌现出一系列近似的词语，如手段、技巧、步骤、计划、策略、想法，等等，意义覆盖了生活的各个领域，小到煮饭时放多少米加多少水，大到人生规划、宇宙探索。其中有一点是一致的，就是方法是解决问题的手段。

　　问题有一般问题和具体问题之分。一般问题是指关于自然、科学、思维、存在、宗教等哲学问题，解决这类问题的方法被称为方法论。以笛卡儿的方法论为例，笛卡儿指出，研究问题首先要"怀疑一切"，然后将复杂问题拆解。接着研究者需要将拆解后的小问题按从易到难排列，先从简单问题入手，等所有问题都解决了之后再进行复查检验，看是否遗漏。这样的方法具有普适性，也就是可以解决一般问题。而中国古代孔子的"博学"、"多闻"、"多见"、"一以贯之"，老子的"道"，庄子的"心斋"、"坐忘"、"见独"，朱熹对"格物致知"的释义等都可以纳入方法论的范畴。

方法论是重要的，有助于人们独立思考并引导具体方法的生成，但是只有形式化的方法论是不够的。美国软件领域专家、著名思想家温伯格（Gerald M. Weinberg）在其著作《探索需求——设计前的质量》（*Exploring Requirements: Quality Before Design*）一书中开门见山地指出了这点，并用一个灭蟑仪的笑话来解释他的观点：有人在地铁广告中卖"万无一失"的灭蟑仪，购买者付款之后会收到两块木板和一张说明书。说明书要求使用时先将蟑螂放在其中一块木板上，然后用另一块来拍打蟑螂。确实，这灭蟑仪不光可以打死蟑螂，还可以消灭一切害虫，只要能把害虫放到灭蟑仪上，这就像形式化的方法论一样。但是，蟑螂会爬，蚊子会飞，怎样抓到这些不同的害虫呢？灭蟑仪的比喻或许不很恰当，但俗话说具体问题具体解决，解决具体的设计问题需要具体的设计方法。

设计师在设计中会遇到不同的问题，这就要求设计师不能光有设计方法学的理论，还必须研究具体的设计方法，参考已有的、经过检验较为成熟的方法去思考、去解决问题，这样才能高效、经济地完成设计。

第二节　设计方法的发展

现代设计的历史很短。最初设计师仅凭借自己的审美、技能进行直觉的设计，这时设计取决于灵感和探索，具有一定的偶然性。一部分先驱也提出了自己的观点，如约翰·拉斯金认为设计只有两条路："对现实的观察"和"具有表现现实的构思与创造力"。而莫里斯则强调实用性和美观性的结合。到了第二次世界大战前，总结设计经验，参考现有图纸和数据的经验设计法成为通用的设计方法。经验设计法的缺陷在于很难突破常规，质量、效率较低。随着检测技术的发展，实验成为设计的辅助手段，20世纪60年代计算机成为设计的辅助工具后，设计效率大大提高。到了20世纪70年代由于设计面对的问题越来越复杂，以系统设计法为代表的现代设计方法被广泛应用。20世纪80年代以后，归纳式的设计方法取代了传统演绎式的设计方法，从具体到一般，设计时更关注为特定的"谁"而设计，关注人与人之间需求的差异性。

著名设计方法专家詹尼士（John Chris Jones）于1969年出版了《设计方法》（*Design Methods*）一书（图1-1）。该书按设计方法的理论和实践两个层次分为两大部分："设计程序"和"设计方法"。"设计程序"部分包含了新旧设计方法的比较、问题的定义、问题的分解和解决、综合与评估、设计的实施、"白箱"（white box）必要性等内容，而"设计方法"部分列举了35种设计方法的实例，并将35种设计方法大致归为3类，分别是"发散"（divergence，调研、收集和整理资料）、"转化"（transformation，激发创意、解决问题）和"收敛"（convergence，设计的评估和验证）。

第二节　设计方法的发展

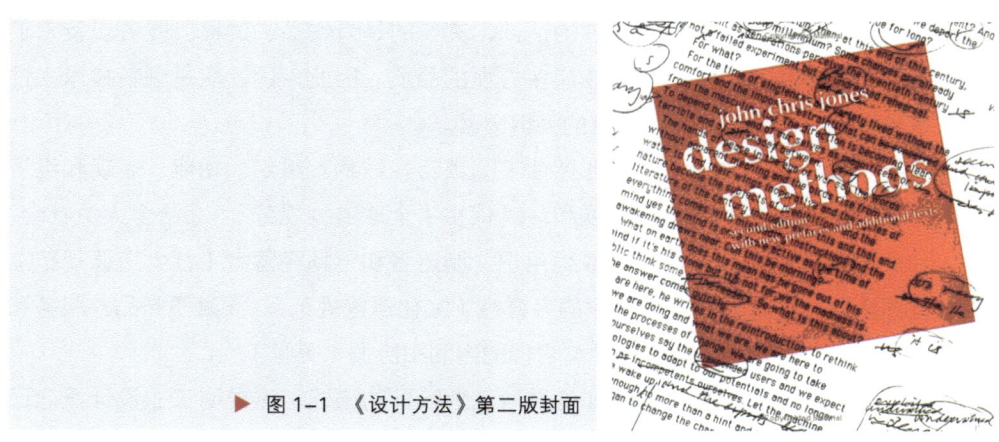

▶ 图 1-1　《设计方法》第二版封面

除了詹尼士的《设计方法》外，罗韦（P. G.Rowe）的《设计思考》（*Design Thinking*，1991）、米切尔（W. J.Mitchell）的《建筑的逻辑》（*The Logic of Architecture*）等著作都是设计方法领域的重要文献。

在工业设计领域，德国乌尔姆设计学院是将方法学真正应用于设计过程的先行者，通过"科学性的理论和科学性工作方法的结合"（1964年第10、11期《乌尔姆》杂志），形成了独特的"乌尔姆功能主义"风格。乌尔姆设计学院与博朗（Braun，也译作布劳恩）公司长期合作，确立了著名的博朗设计原则（Braun Outline），设计出大量的经典产品，对后世设计师影响深远，以至在苹果公司的最新设计中都可以发现博朗产品的影子（图1-2）。

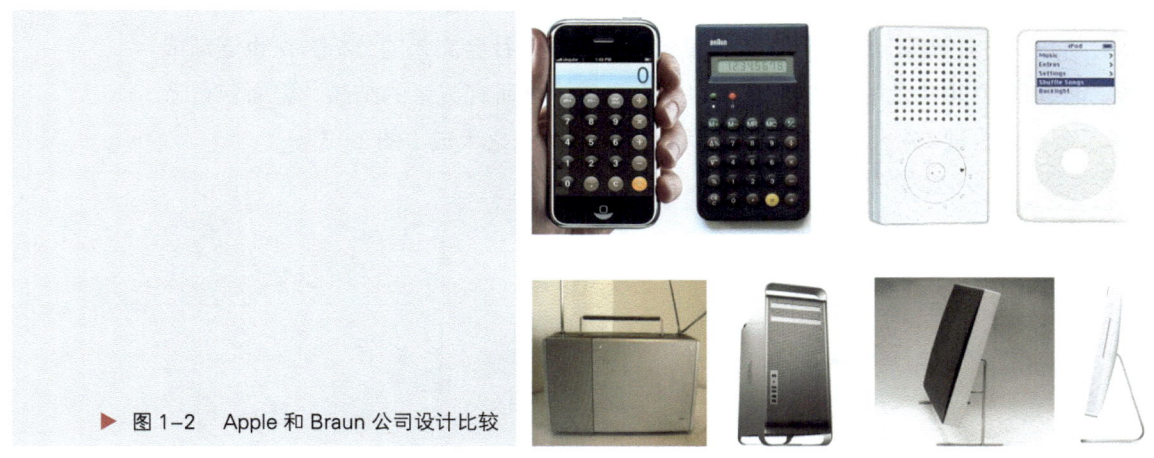

▶ 图 1-2　Apple 和 Braun 公司设计比较

20世纪80年代，国际工业设计协会（ICSID）给工业设计做了如下定义：就批量生产的工业产品而言，凭借训练、技术知识、经验和视觉感受而赋予其材料、结构、形态、色彩、表面加工及装饰以新的品质和资格，叫做工业设计。到了本世纪初，工业设计的定义发生了巨大的变化，其目的和任务如下。

目的。工业设计是一种创造性的活动,其目的是为物品、过程、服务以及它们在整个生命周期中构成的系统建立起多方面的品质。因此,设计既是创新技术人性化的重要因素,也是经济文化交流的关键因素。

任务。工业设计致力于发现和评估下列项目在结构、组织、功能、表现和经济上的关系:①增强全球可持续发展和环境保护(全球道德规范)。②给全人类社会、个人和集体带来利益和自由。③最终用户、制造者和市场经营者(社会道德规范)。④在世界全球化的背景下支持文化的多样性(文化道德规范)。⑤赋予产品、服务和系统以表现性的形式(语义学)并与它们的内涵相协调(美学)。

以上文字与其说是定义,不如说是对工业设计的描述,这说明工业设计概念已经不是一两句话可以诠释的。对比新旧定义,明显可以感觉到工业设计范畴扩大了。

随着工业设计的范畴越来越广,设计师面对的设计问题越来越多样化,原有的带有较强技术倾向的设计方法在解决以用户需求为中心(尤其是精神需求)的设计问题时显得力不从心。设计师不得不放宽视野,从人类学、市场学、心理学、消费者行为学、创造学等学科领域寻求解决之道。这些领域的研究者在对人(消费者)的研究方面进行了长期的探索,并形成了各自的较为成熟的研究方法。敏感的设计师、设计团队在设计过程中借鉴了这些学科领域部分研究成果,并根据工业设计的特点和实际项目需要进行改良,从而发展出一系列更适合工业设计师的行之有效的方法指南。交互设计界的泰斗Alan Cooper在人种学研究的基础上创造出"persona"一词,通过为用户建立虚拟的人物角色来帮助设计师真正了解用户;"scenario"剧本导引设计方式使"人—产品—环境"三者的关系更加明朗。各式各样的观察用户、体验用户的方法被设计师创造出来,设计师对市场、社会文化的分析方法也逐渐成熟。而IDEO公司开发的方法卡片更是IDEO多年设计研究成果的结晶,里面包含了"学、观、询、试"4大类52种方法,集最新设计方法之大成(图1-3)。

◀ 图1-3 IDEO方法卡片

第三节　关于本书

　　这不是一本系统介绍工业设计方法的书，因此不能称为工业设计方法学，更不可能达到方法论的高度。严格来讲，这只是一本方法手册。

　　写作此书是因为市面多数教材、参考书理论多、案例少，文字多、图片少，其定位感觉更像是给工程类而不是设计类学生使用的，学生在学习时提不起兴趣，并且学完后"只知其所以然而不知其然"，不知道应该怎样将这些设计方法、设计理论应用到具体设计中去。

　　有趣的是，各大公司的设计部门、著名设计公司所使用的设计方法很多并未出现在现有的教材中，学生实习时需要从零开始。工业设计是一门应用性学科，理论家固然需要，但是更需要实干的设计师。学生在短暂的课程中无法吸收太多的理论，他们最需要的是能真正应用的方法指南。饿肚子时，如果不在"授人以渔"的同时"授人以鱼"，那么谁也没有心情学习如何捕鱼了。

　　受到IDEO方法卡片的影响，本书更多的是以点而不是面的形式介绍各种设计方法。但由于是教材，在组织结构上仍然延续教材形式，将知识点大致按设计流程分成3组，分别针对市场研究、用户研究和创意方法进行讲授。书中设置了大量的图示、案例和习题练习，希望有助于读者理解并活用所学方法。由于结构和篇幅影响，本书并未涉及形态设计方法的相关内容。

　　在写作本书时，作者参阅了大量的参考资料，力图使每种设计方法有足够的理论支撑。但由于自身理论基础薄弱，整本书的理论深度仍然有所欠缺，希望读者海涵。书末列出了一些参考文献，有兴趣的同学可以扩展阅读。

练习题

- 主题：IDEO印象。
- 适用年级：工业设计专业本科二年级以上，可以分小组进行。
- 规格要求：通过出版物、网络等媒体收集美国IDEO设计公司的设计作品、设计方法等相关信息并进行整理，得出对IDEO的初步印象。将图片与文字整理成PPT。
- 参考时间：135分钟（90分钟收集整理，45分钟组织课堂讨论）。
- 分析：IDEO是以设计创新著称的公司，通过对其设计案例和设计方法的研究，有助于真正理解设计方法在实际设计过程中的重要性。

面向设计的市场研究方法

设计离不开消费市场。大多数设计师直接或间接服务于企业,对企业而言,市场研究是产品开发、产品策划中的第一步,也是至关重要的一步。据统计,目前投入美国市场的新产品中有80%～90%会以失败而告终,对快速消费品而言,失败率更高。失败的原因很多,但是前期研究的缺乏,尤其是对市场的研究不足是一个重要因素。在市场学领域,现有的研究工具尽管种类繁多,但大部分是建立在定量调查的基础上,使用统计学方法,借助计算机完成。虽然这些研究工具看上去严谨、科学,但是调查数据的真实性以及采样率往往因各种因素而受到置疑,最终的研究预测结论也很难经受市场检验。针对消费者调查表格的重测信度(test-retest reliabilities)一般仅在0.6到0.75之间。一方面,消费者或许并没有认真地去对待调查,往往是应付一下,或者单纯是为了报酬或纪念品(试想一下你在超市填写种种调查表的情形),或者出于礼貌,隐藏了自己真实的想法;更多的时候消费者并没有意识到问题的所在,也不知道自己需要什么。表格的设计者也不可能设计出适合不同消费者的问卷,消费者的差异性和复杂性是导致市场多样化和难以预测的根本因素。由于定量调查的种种缺陷,以少量样本作为调查对象,直接观察、感受和理解消费者的行为、反应,与消费者作深入交流的定性调查方式逐渐受到关注。不少市场研究人员越来越倾向于以定性调查为主,辅以定量调查,通过问卷、量表等方式对定性调查结果进行验证。

　　在传统的顺序式产品开发、产品设计过程中,管理部门和市场部门负责策划、调研，设计师负责设计。设计师被动地接受抽象的市场调研和用户分析结果，并以此作为展开设计的依据。由于不熟悉调研过程和调研方法，对调研的结果也缺乏理解，设计师只能局限于视觉、形态层次的产品设计，无法有效地将调研成果转化为设计方案，使得两者之间产生脱节。

  为了解决脱节问题，提高产品开发管理中各环节的效率，越来越多的企业运用了并行工程概念，将策划、工程、设计、生产等环节打通，成立跨部门的组织架构，形成一个完整的系统，通过并行推进、互相沟通和资料交换，追求全局优化，保证设计质量。由于设计师拥有良好的沟通能力，往往在并行工程中发挥着良好的媒介作用，成为各专业人员之间沟通的桥梁。

  因此，设计师虽然并非职业的市场研究人员，但是为了尽早地参与产品开发，便于和市场人员交流并完成调研成果的有效转化，设计师需要了解与设计相关的市场学知识，学习、探索面向市场的设计研究方法，通过有针对性地市场调研，制定合理的设计策略。

  市场研究方法部分由五个章节组成，前四章（第二章至第五章）介绍了与设计相关的一些市场学理论和方法，包括产品的生命周期理论、市场细分和定位、品牌研究和竞争对手调查。重点在对这些理论、方法的设计应用。最后一章（第六章）趋势研究通过对社会文化趋势、设计趋势的研究帮助设计师预测市场、把握流行方向。

第二章
产品的生命周期

▶ 学习目的与要求：
　　本章主要讲述市场学中产品生命周期的相关知识，要求学生理解产品生命周期概念，培养产品生命周期特征判别能力，熟练掌握产品生命周期不同阶段的设计策略。

▶ 重点：
　　产品生命周期各阶段的特征判断、革新者特征。

▶ 难点：
　　产品生命周期各阶段设计师的设计策略。

产品从投放市场到淡出市场，这一过程很像生物从出生到死亡。因此，市场学中将这个过程称为产品的生命周期。

如图 2-1 所示，产品的生命周期一般分为引入期（也称介绍期）、成长期、成熟期和衰退期。SONY 公司则创新地以一天中的不同时段来表示产品的生命周期，分为日出、清晨、上午、正午、午后、下午、黄昏、日落这 8 个阶段。在生命周期的不同时段，产品的销量和利润呈现出图中的曲线波动。

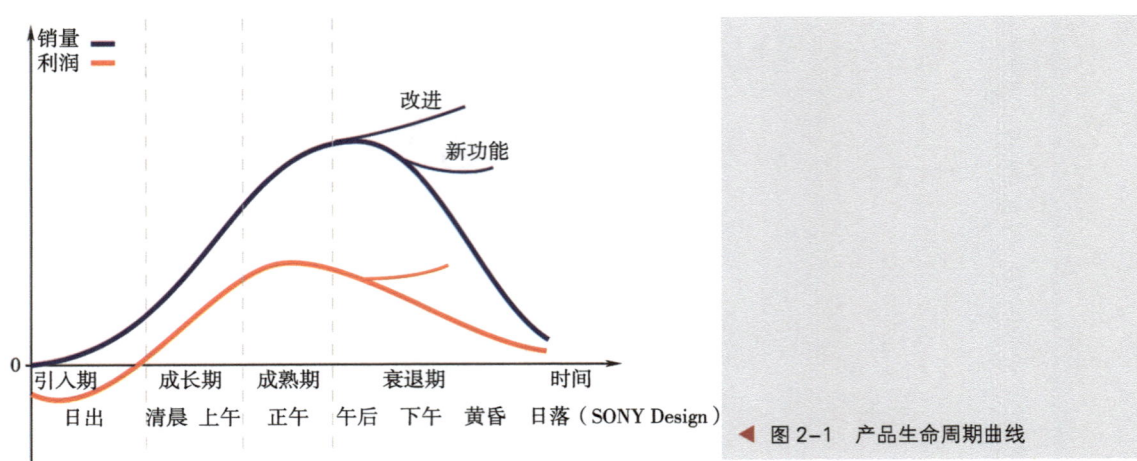

◀ 图 2-1　产品生命周期曲线

第一节　引入期

　　小批量应用新技术的创新产品被迅速投放并抢占市场。这时的新产品处于非盈利阶段，需要在产品上投入各种资源，积极地宣传和推广产品，鼓励顾客试用。此时产品因为综合成本的增加，定价往往较高，获利较慢，产品本身也未必理想，可能不够稳定。但是这样的产品往往会吸引一批特定的购买者——"革新者"的注意。

　　在消费心理学中，"革新者"被定义为新品牌、新产品、新服务、新商场的主要购买者和光顾者。在图 2-2 所示的产品推广曲线中，前 2.5% 的使用者被认为是革新者。革新者往往有以下特征：（1）一般比其他消费者拥有更多的收入和财富，对价格不敏感。（2）关注传播渠道，经常收集并传播相关产品、服务信息，浏览相关网站，关注评测，活跃于网络讨论区。他们对产品的看法往往会引导舆论。（3）有较高的教育水平和相对丰富的经验，对成就感的需求比较强烈。积极认同新思想，有一定的冒险精神，愿意尝试和体验新产品。"革新者"有自己的主张，不需要参考别人的经验、态度和价值观来决定是否购买。

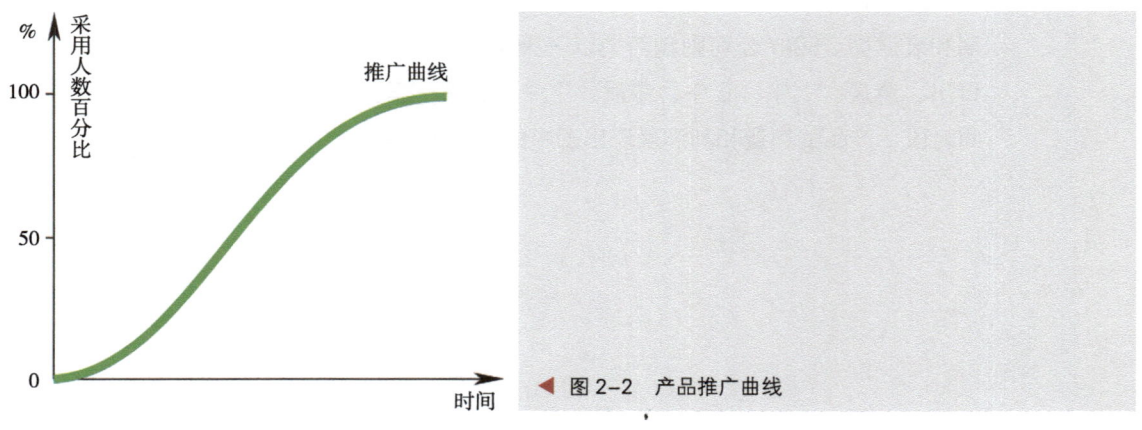

◀ 图 2-2　产品推广曲线

产品的以下几个特征最容易受到革新者关注：

1．满足需求：必须使革新者认识到产品能带来什么好处。
2．相比优势：产品与现有产品相比有何优势？优势是否明显或者看上去是否明显？
3．一致性：是否和革新者的生活方式、价值观一致。
4．显著性：产品是否引人注目，是否易于识别；形象、名称是否易于传播。
5．可试用性：能否降低消费者的使用风险，并在试用时带给消费者良好的体验。
6．复杂性：产品的基本操作应容易上手，符合消费者的一般使用经验，并在操作上能迅速满足消费者的成就感。但产品同时需要有一定的复杂性和拓展性，满足"革新者"中狂热的技术爱好者深入研究产品的需求。

引入期中，工程师和技术人员往往在产品开发时占主导地位，但设计师应关注以上几点进行设计沟通和实践。以 iPod 的成功为例，第一代 iPod 满足了人们随身享受更多歌曲的需求，并比竞争对手如创新（Creative）的"Nomad Jukebox"和爱可视（Archos）的"Jukebox 6000"体积更小，更便携（图2-3）。白色塑料和不锈钢的搭配新鲜时尚，引人注目。外露的白色的耳机和耳机线使产品易于识别，而 iPod 的发音朗朗上口，易于传播。在操作上，独具一格的触控转盘给使用者带来全新体验，简单直观的操作也能立刻满足使用者的成就感。

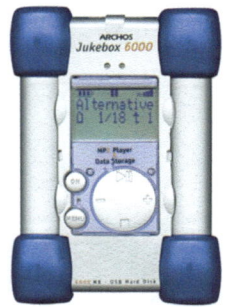

(1) APPLE iPod　　　(2) Creative Nomad Jukebox　　　(3) Archos Jukebox 6000

▲ 图 2-3　iPod 与竞争对手比较

第二节　成长期

新产品推向市场时，往往会有不少缺陷，其成本也往往偏高。企业在产品成长期的早期（清晨）的任务是根据市场反馈修正错误，改良产品，调整定位，控制成本。工程师会优化内部结构，设计师则从可用性和外观方面对原产品进行改良，强化产品特征，逐渐形成产品独特的视觉识别符号（SONY 称为图标"icon"）。在成长期后期（上午），设计表达到了一个比较完善的地步，设计师抓住了产品的表达要素，与工程师一起将产品推向成熟。此时设计的作用已经超越了技术。在"革新者"的带动下，一部分"跟随者"成为产品成长期的消费者。他们的消费决策较为保守，一方面被改良产品吸引，另一方面又缺乏对新产品的体验，因此更需要可靠的信息来源来帮助决策，容易受推理论证的广告或者产品的对比评测影响。他们努力搜寻产品的详细信息，关注产品细节，权衡产品价格。设计师应针对产品成长期的消费者特征完善设计，在突出重点的同时强化细节，注重设计语言的连贯性。

第三节　成熟期

成熟期（正午）是产品生命周期中企业获得最大利润的时候。产品的稳定性也达到了一个新高度。产品的尺寸、功能、成本控制都十分合理。设计师、工程师已经在为下一步的革新做准备。成熟期的企业战略往往是保持、防御和创新。保持指通过设计和营销来巩固、强化产品在市场上的地位，防御指针对竞争对手进行策略调整，创新指开发新功能，发掘新用户。在成熟期，设计师会研究竞争对手的特色和设计语言并对自身的产品进行调整或重新定位。同时，设计师也会通过对产品尺寸、颜色、材质、图案的变化，在保持产品整体视觉识别特征不变的情况下，提升产品的新鲜度。1998年底苹果发布的五色 iMac 就是一个很好的例子（图 2-4）。就整个市场而言，成熟期产品形象具有相似性，而且也形成了整个产品生命周期中人们最熟悉的产品符号。设计师在设计时应特别考虑人们对产品的认同感。

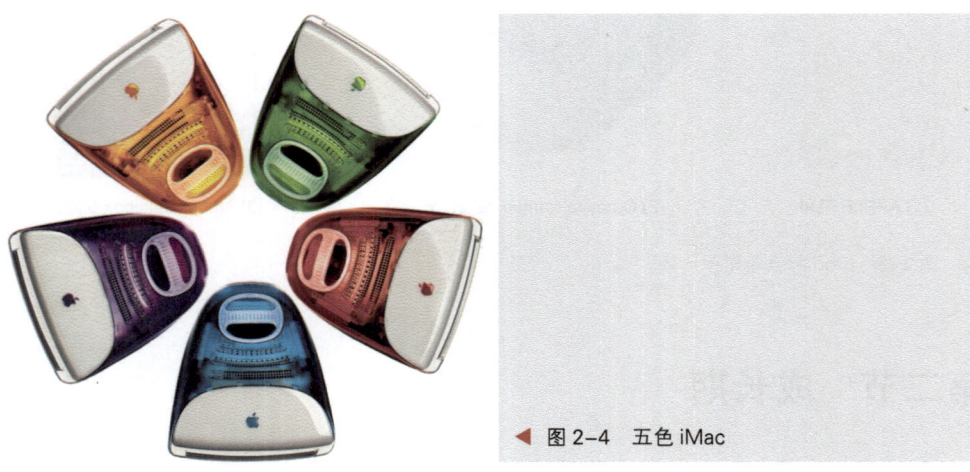

◀ 图 2-4　五色 iMac

第四节　衰退期

衰退期是任何产品都要经历的，就像生命终将消亡一样。企业希望延长产品线寿命，在产品线终结之前尽可能地获取最大利润。此时设计师的重要性得到了极大体现。在衰退期的早期（也称为饱和期或午后），产品线开始细分，设计师针对不同人群（如精打细算型的、保守派的、追求时尚的、年轻的、运动型的等）细分市场进行设计。而到了衰退期的中期（下午），市场被进一步细分，不同市场的针对性也愈加明显：挑剔型的会更考究，保守型的会更唯功能主义，多余的功能被剔去。造型、颜色、材质上的差异也更明显。性别差异成了发展设计的有效手段。工程师则努力简化结构，节省成本。在衰退期的后期（黄昏），市场已经过于饱和，产品线不再扩张，内部结构获得进一步优化以降低成本。任何新设计都很难带给消费者以往那种新鲜感和惊喜。设计师努力地玩花样，整合无关紧要的功能（图 2-5），通过变换图案和糅合不同元素（时尚、文化等）来适应不同消费者的生活风格，争取消费者的关注（图 2-6）。到了衰退期的末期，市场已经明显收缩，技术也早已过时，设计师只能利用现有的机型进行视觉游戏，采用较为另类、极端的设计手法来尽可能地抛售产品（图 2-7）。这是黑暗降临前最后的迸发，当设计无法掩盖过时的技术时，消费者对任何视觉把戏都无动于衷，生产线消亡，采用新技术的下一代产品已经开始了新一轮的生命周期。

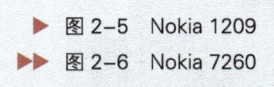

▶ 图 2-5　Nokia 1209
▶▶ 图 2-6　Nokia 7260
▶▶▶ 图 2-7　国产山寨手机

　　不同产品的生命周期持续的时间是不一样的，相对来说，低技术的耐用品和针对专业市场的特殊产品如生产设备和办公用品的生命周期较长。而技术更新迅速的日常消费品尤其是消费电子类产品的生命周期就较短，而且趋势是越来越短，有的产品甚至在不到一年的时间内就被彻底淘汰。在这短暂的生命周期中，成熟期之前的时段受到压缩，不少产品刚一面市就面临激烈的市场竞争，不得不在一开始就考虑市场细分和定位。

练习题

1. 主题：我身边的"革新者"
   △ 分析：我们熟悉的人当中有没有符合文中描述的"革新者"定义的？他们

购买了哪些创新产品?他们对这些产品是如何评价的?他们的性格如何?通过寻找"我身边的革新者"有助于深入了解革新者的特征,对革新者形成直观鲜明的印象,有助于第二部分用户研究的深入学习。

2. 主题：XX 的一生

△ 根据所学产品生命周期知识,判断并选择一种你认为处在产品生命周期衰退期的产品(如胶卷相机),制作该产品的生命周期图,从图中选择位于生命周期不同阶段的典型产品进行简单的设计分析。

△ 适用年级：工业设计专业本科二年级以上。

△ 规格要求：通过出版物、网络等媒体收集该产品在生命周期不同阶段的产品图片,参考示例样式进行绘制,并选择导入期、成长期、成熟期、衰退期的典型产品进行分析,将图片文字整理成 PPT。

△ 参考时间：165 分钟（120 分钟收集整理,45 分钟组织课堂讨论）。

△ 示例：

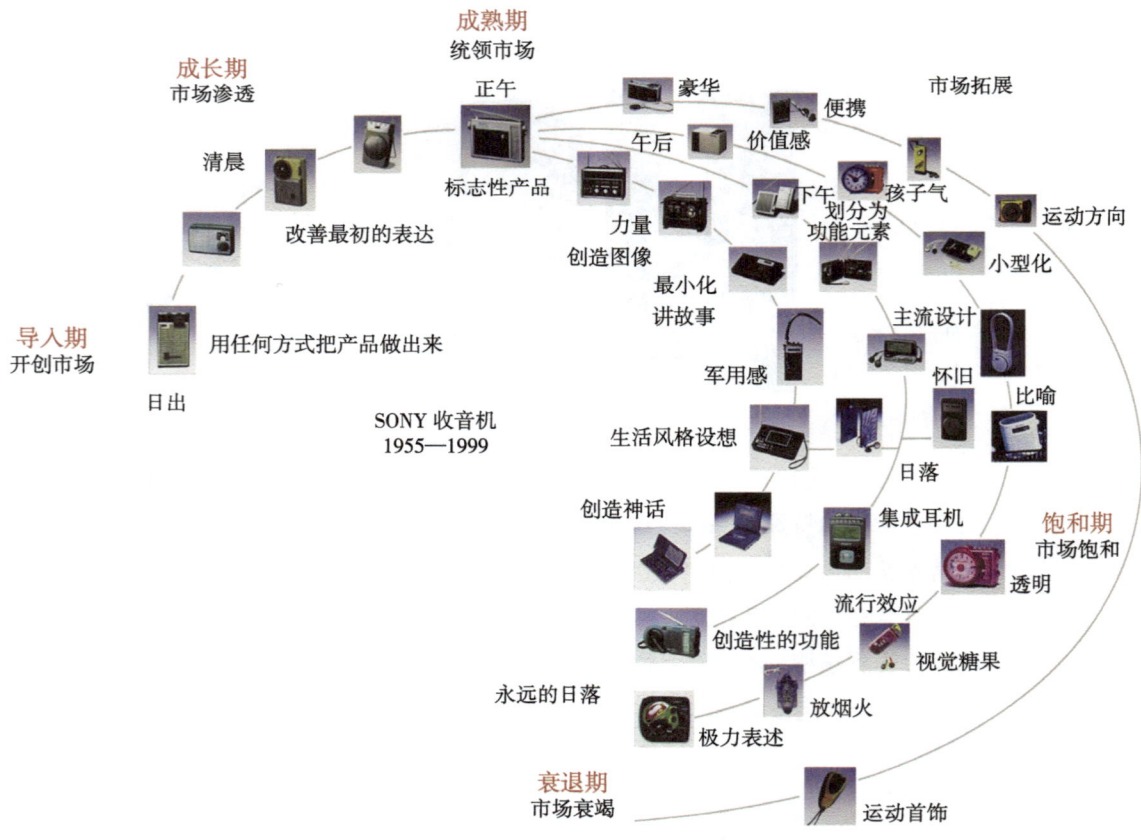

▲ 图 2-8　SONY 收音机生命周期图

◢ 分析：图 2-8 是 SONY 收音机的生命周期图，从图中可以清晰地看出生命周期不同阶段收音机设计风格的变化，从导入期到成熟期，收音机并没有明显的市场拓展，其风格也以延续为主。到了正午（成熟期），标志性产品诞生了，这时人们对该产品已经非常熟悉，产品在人们的印象中形成了图标（icon）式的符号。成熟期之后，产品开始市场细分，设计师定位不同的消费群体进行差别化设计。到了饱和期，不同定位的产品差别更加明显，市场分得更细。到了衰退期，产品的技术早已过时而设计越来越夸张，设计成了一种掩饰和抛售手段。

◢ 在选择产品时，要特别注意技术更新（新功能增加和技术改进）对产品的影响，比如手机的摄像头、3G 技术等，这时产品的生命周期曲线会有分支（参见图 2-1），采用新技术的产品生命周期会相应延长。

第三章
市场细分和定位

▶ 学习目的与要求：

　　本章主要介绍市场学中市场细分和市场定位这一对重要概念，要求学生理解市场细分和定位的目的，了解市场细分的原则和基本方法，熟练掌握定位图的绘制方法。

▶ 重点：

　　VALS 混合细分方式、定位图。

▶ 难点：

　　细分方式的合理选择、定位图的设置。

第一节　市场细分

　　市场细分源自全球市场的多样性：不同个性、价值观、生活风格、文化背景和购买能力的人们形成了不同的市场。生产者只有通过推出差异化的产品，才能满足他们的差异性需求和避免激烈的市场竞争。

　　早期的营销战略并未区分不同的消费者，将消费者看做是相似的，采取大众化营销方式来进行产品推广。20 世纪初，福特公司仅向公众提供黑色的"T"型车（图 3-1）和"A"型车。如果产品面向的消费者确实相似，那么大众化的营销无疑是经济合理的。现在一些特殊用品市场仍然采用大众化营销方式（如一些农用机械），并能取得成功。然而，在大多数情况下，消费者的背景、经验和需求是不一样的。消费者希望产品能充分地满足他们，而不是凑合着用用。

◀ 图 3-1　福特 T 型车

20 世纪 50 年代，学术界正式提出了市场细分理念（Wendell Smith，1956），并逐渐广泛应用于营销领域。如今，大多数现代企业都将市场细分视作产品开发的核心战略，同时也涌现了大批专业的调查公司，为企业分析细分市场，帮助公司进行产品、服务的定位。市场细分的方法也由早期凭借市场经验和基本的顾客调查问卷研究演变成多变量的细分方式，并且利用计算机进行复杂的统计计算，如分割聚类（partition clustering）、系统聚类（hierarchical clustering）、自动交互检测（AID）、卡方自动交互检测（CHAID）等。要理解这些细分方式的计算原理需要较高的数学水平，并不适合设计师操作，本章介绍的市场细分方法较为定性，不需要太多的数学知识。

一、市场细分的条件

市场细分需要满足两个条件：
1. 群体具有充分的多样性，各群体有不同的需求和价值取向，对产品或营销活动的反应区别于其他群体。
2. 细分群体有足够的消费能力。

第一个条件是细分的基础，第二个条件是细分可能带来的价值，从商业角度讲，两者缺一不可。

市场细分的例子很多，以洗发水为例，宝洁公司旗下的"飘柔"、"海飞丝"、"潘婷"、"润妍"、"沙宣"分别针对不同的细分市场，满足不同消费群体的需求。"飘柔"强调头发柔顺易梳理；"海飞丝"将去屑能力作为卖点；"潘婷"强调健康头发的护理；而"润妍"（现已退市）以草本配方来迎合中国本土文化，强调"东方女性的黑发美"；"沙宣"则针对时尚专业人士的需求。汽车市场的 SUV、CUV、MPV 等不同的多功能车也针对着不同的细分群体。沃尔沃公司的 YCC（Your Concept Car）概

第一节 市场细分

念车针对女性而设计。公司通过调查发现女性购买的车辆占公司销量的 2/3 左右，影响着全部销售额的 80%。为了发现并满足女性对汽车的各种需求，公司组成了一支女性设计团队，由 9 名女设计师协力，耗时 20 个月，设计出一辆"体现独立的专业女性需求"的概念车。YCC 有着充裕的储物空间，良好的视野，智能的停车功能，方便女性在不同的着装情况下进出车厢（图 3-2）。

▶ 图 3-2 Volvo YCC 概念车

二、市场细分的方法

市场细分的方法一般分为两类：基于顾客的细分与基于产品的细分。

基于顾客的细分主要分析消费者特征，如人口统计因素、生活方式等；基于产品的细分则是关注产品或服务本身的特性，如 U 盘采用基本型、数据安全型以及不同容量的方式细分（图 3-3）。

▶ 图 3-3 指纹加密 U 盘

市场细分一般分为以下几步：

1. 选择细分变量。
2. 识别细分市场。

3. 描述细分市场。

4. 选择目标细分市场。

选择细分变量是市场细分的基础。常用的基于消费者的变量有人口统计因素、地理因素、心理因素、生活方式特征、社会文化因素以及混合细分等。

人口统计细分是最早应用于消费者市场的细分变量，也是最常见的变量。包括年龄、性别、婚姻状况、收入、受教育程度和职业等。随着消费者年龄的变化，人们的兴趣和对产品的需求也在改变。同一年龄段的人们还会产生同伴效应——与同龄人共同拥有相关经验。20世纪70年代末80年代初出生的人对《变形金刚》《葫芦兄弟》《蓝精灵》等动画片记忆深刻，而50年代出生的人则对自行车、缝纫机、机械表等结婚时的三大件充满感情。性别也是使用较多的细分变量。男性往往是电动工具、剃须刀的主要购买者，而女性则偏爱化妆品、香水等。但性别细分不是简单的二分法，往往采用男性化和女性化的轴向细分，中间有多个层次，如偏男性一些的，偏女性一些的，从而使细分更加准确。婚姻状况对产品的使用方式影响很大，针对个人使用还是家庭共同使用，独享还是分享，会形成不同的设计策略。收入、受教育程度、职业往往紧密关联（当然，部分高收入、低教育水平特征的群体也应特殊考虑）。收入通常不会作为独立的细分变量，往往和其他人口统计特征结合在一起来定义市场。

地理细分背后的理论是居住在同一区域的人们有相似的需求，区域指城市、郊区、农村等，城市本身也可以分为沿海、内陆、地级、县级，甚至在同一城市内，商务区、旧城区、大学区都可以作为地理细分的因素。这对直邮（DM）销售产品十分有帮助。

心理细分往往基于消费者的动机、人格、感知、学习和态度，本书第二部分用户研究会涉及相关知识。需要进一步了解的同学可以参考消费者行为学的相关书籍。

生活方式细分也被称为消费心态细分，通过对消费者活动（action）、兴趣（interest）和观念（opinion）的综合研究来描述不同消费者从而细分市场（简称AIO）。

活动：工作、嗜好、社会活动、度假、娱乐、俱乐部、购物、运动等。

兴趣：家庭、住所、工作、社交、消遣、时尚、食物、媒体、成就等。

观念：个人、社会问题、政治、商业、经济、教育、产品、未来、文化等。

AIO研究往往会通过设计一系列陈述性语句来鉴别消费者的不同心态。表3-1是AIO调查表的一个简单样本（部分），该表采取利克特量表（Likert Scales）方式。

第一节 市场细分

表3-1　　　　　　　　　　　　　　　AIO调查表

AIO	完全同意（1）	同意（2）	不一定（3）	不同意（4）	完全不同意（5）
我偏爱最新技术的科技产品					
我很少看电视					
我无法离开网络					
我喜欢聚会，不喜欢独处					
我坚持健身					
我喜欢嘻哈音乐					
我对日常饮食要求不高，简单快速即可					
我对娱乐新闻很感兴趣					

社会文化细分一般指基于家庭生命周期、社会阶层、文化的市场细分。家庭生命周期分为单身期、初婚期、生育期、满巢期、离巢期、空巢期、鳏寡期。各阶段对产品服务的需求大不一样。如在欧美宜家产品将目标消费者主要定位为居住在临时公寓中的单身期青年男女（图3-4），而他们的父母就对家具的品质、用料更为讲究。不同社会阶层的消费者在产品喜好、购买场所、价格敏感度、品牌认同方面有明显区别。奢侈品牌如Nokia旗下的Vertu手机就有着很清晰的社会阶层定位（图3-5）。不同文化的价值观有着明显差异，美国文化更强调多样性，崇尚个人主义，以结果为导向，重视言语沟通。而在日本文化中集体重于个体，强调协调性，重视过程。同一文化中，基于不同种族、宗教形成的亚文化也是重要的细分市场，如美国文化中的黑人、西班牙裔、亚裔以及新教、天主教、犹太教的不同信仰者的价值观和需求的差异一直备受市场研究者关注。

▶ 图3-4　宜家产品目标人群
▶▶ 图3-5　奢华的Vertu手机

混合细分是对不同细分方式的综合运用。由于混合细分结合了多个细分变量，往往比单一的细分方式能更准确地界定消费者细分市场。这里主要介绍 VALS、PRIZM 以及 BSBW 的全球扫描系统这三种典型的混合细分体系。

VALS，价值观（value）和生活方式（lifestyle）体系是 SRI 咨询公司发明的对美国人口的概括性细分模式。最新的 VALS 将人口按拥有资源、创新能力的多少和主要的自我取向分为创新者、思考者、成就者、体验者、信仰者、奋斗者、制造者、幸存者 8 类，如图 3-6 所示。

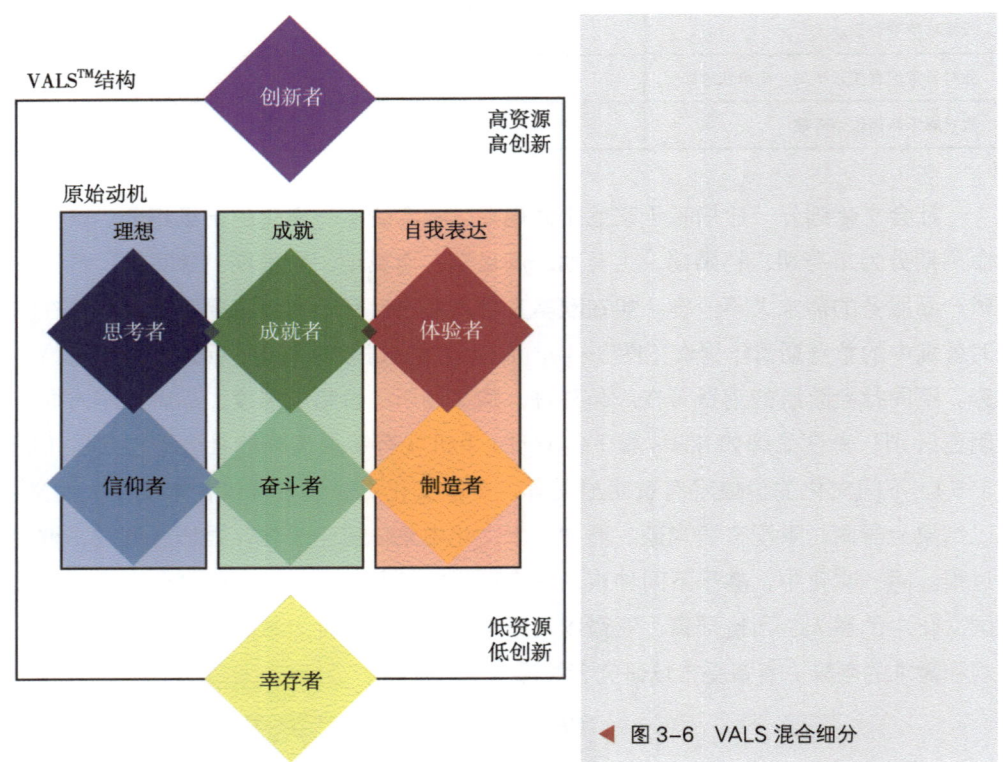

◀ 图 3-6 VALS 混合细分

创新者（innovators）指那些拥有丰富资源的成功消费者。他们追求发展，用各种方式表达自我，注重形象，对前沿科技感兴趣，对变化持开放态度。

思考者（thinkers）是成熟、安逸、满足和乐于思考的消费者。他们比较实际，购买产品时追求功能、价值和耐用性。

成就者（achievers）对工作和家庭非常投入，喜欢自己的生活自己做主。成就者强调预见性和稳定性。他们注重形象，购买那些能向同辈显示成就的产品，对品牌较为敏感。

体验者（experiencers）年轻、生机勃勃，跟随时尚和潮流，冲动且具有反叛精神，喜欢冒险，对打破传统的创新产品情有独钟。

信仰者（believers）是保守和比较传统的消费者，不容易改变习惯，有强烈的原则并喜爱有信用的品牌。

奋斗者（strivers）寻求外部的激励和肯定，自信不足，经济地位较低。他们中的许多人追求时尚，模仿社会资源更丰富的群体。

制造者（makers）是行动导向、崇尚自给自足的群体。他们生活在传统家庭和工作氛围下，喜欢功能性器具和电动工具、洗衣机和钓具。

幸存者（survivors）经济不佳，教育程度低，缺乏技能，没有广泛的社会联系。一般年纪较大，常为健康担心，消费比较谨慎，寻找便宜和折扣商品。

通过VALS进行消费者细分有助于设计师和决策者针对不同的价值观和生活风格的群体进行产品定位。但是VALS是基于美国市场的，在应用时需注意根据文化差异和资源、导向差异进行相应调整。国内的市场研究者已经建立了适合中国市场的CHINA-VALS模型。该模型将消费者细分为3派14个群体：积极形态派，包括理智事业族、经济头脑族、工作成就族、经济时尚族、求实稳健族、消费节省族6个族群；求进务实派，包括个性表现族、平稳求进族、随社会流族、传统生活族、勤俭生活族5个族群；平稳现实派，包括工作坚实族、平稳小康族、现实生活族3个族群。但是CHINA-VALS模型还不够成熟，各族群的定义也不够清晰。

PRIZM细分是美国Claritas有限公司开发的根据邮政编码来区别不同消费群体的细分系统。该系统基于以下思想：具有相同文化背景、谋生方式和观念的人们会互相吸引，他们自然而然地选择与具有相似生活方式的人做邻居，并彼此影响。他们拥有相似的社会价值观，形成相近的品味和期望，在购买产品、服务和使用媒体时表现出共有的行为模式。PRIZM细分综合了地理细分与生活方式细分，该系统将美国的邮政编码分为62个群组，每个群组拥有不同的生活方式，从"贵族阶层"到"公共救济"群体，例如：

皮毛和旅行车：他们是新一代有钱人，居住在市郊的富人区，受过良好的教育，属于管理阶层或从事移动性职业。他们在大量制造产品的同时也大量消费产品。

年轻的郊区居民：群体很庞大，大多较年轻，属于白领阶层，生活相对富裕，消费着大量的家电产品。

少数民族居民：以黑人为主，其余是拉美裔和其他少数民族。拥有小孩数高于社会平均，他们中有一半是单身家庭，教育程度较低。他们中较少出现白领。

枪支和载货卡车：居住在偏僻的乡村，大家庭。蓝领工匠是家庭领导，一般仅受过中学程度教育，很多从事户外劳作。

PRIZM系统虽然仅针对美国市场，但在中国，尤其是沿海发达城市，人们因为收入水平和生活方式的相似性选择不同地段、不同小区群聚而居的趋势越来越明显。PRIZM系统的参考价值也因此越来越大。

BSBW（Backer Spielvogel Bates Worldwide）公司的"全球扫描"（global scan）系统通过对澳大利亚、加拿大、芬兰、中国香港、日本等14个国家和地区的15 000名消费者的价值观与态度进行调查，并结合人口统计数据，发现了5种全球性的细分市场。

传统者：传统、保守、怀旧，拥有其所在国家文化的古老价值观，留恋过去的思维方式、饮食和生活习惯，偏爱已经尝试过或被认为实在的事物。

适应者：年龄较大，不排斥新事物，坚持自己标准的同时也尊重新思想，对自己和生活较为满意，通过参加新的活动来丰富生活。

受压抑者：位于社会底层，女性较多。他们面临经济、家庭的种种困境，心力交瘁，被剥夺了生活乐趣。

奋斗者：30岁出头的年轻人，事业起步中，非常忙碌。他们通过努力奋斗去实现目标争取成功，同时也承受着巨大的压力。他们是物质主义者，喜欢及时行乐，由于缺少时间、金钱和精力，他们尽可能地寻求便利。

成就者：年龄较大，自信、富有，事业处于上升期，领导时尚，塑造了社会的主流价值观。他们注重品质和地位，与奋斗者一起创造了"年轻导向"的价值观，驱动社会前进。

设计师在应用混合细分方式时不应拘泥于现成的系统，而应该针对不同的产品和不同的消费市场进行调整，设计出合适的细分方式。图3-7是国外一家著名设计机构针对液晶电视市场的细分。

现代名流（14%）
质量和技术
年纪：35—64岁
画质、电视音质、音箱音质
技术拓展
成就感
有教养
产品比品牌更重要

精挑细选者（21%）
追求质量
年纪：35—65岁
非集成的、雅致的设计
个性化
关注健康
品牌保证

革新者（25%）
最新技术
年纪：15—49岁
早期用户
革新的设计
集成的系统
便携性
寻找新品牌

名流（13%）
购买最好的
年纪：20—49岁
功能性设计
理性、有教养
稳定性
环保
品牌保证

基本消费者（12%）
关注价格
年纪：50岁以上
简单的产品
易用
放心
价格
品牌无所谓

新潮一族（15%）
时尚和偶像
年纪：15—35岁
趣味设计
制造流行
物质化
娱乐
品牌符合个性

◀ 图3-7 针对液晶电视市场的细分

第一节 市场细分

国内也有研究机构综合了人口统计学、地理和心理细分方式，将中国市场划分为四个细分市场：暴发户、雅皮士、工薪阶层和贫穷劳动者（参见：埃里克·阿诺德、李东进等所著《消费者行为学》，电子工业出版社，2007 年版），具体见表 3-2。

表3-2　　　　　　　　　　　　　　中国市场的细分

	暴发户	雅皮士	工薪阶层	贫穷劳动者
人口数量	10万	6 000万	3亿	8.4亿
居住地区	沿海都市	主要都市	小城市	小城镇和农村，尤其是西部地区
家庭月收入（美元）	5 000以上	2 000～4 999	1 000～1 999	低于1 000美元
年龄（岁）	30—65	25—45	18—60	各种年龄群
教育	不确定	大学	大学、高中	小学
职业	企业家、商人、政府官员、名人	管理与专业技术人员	职员、工人、教师	体力劳动者、农民、移民劳工
性格倾向	乐观	充满希望	维持现状	不确定
创新	创新者、引导潮流者	早期使用者、意见领袖	早期大量使用者、跟随者	后期大量使用者、落后者
风险规避	低	中等	高	极高
对国外商品接受度	高	中等	低	极低
生活方式机动性	活跃的	运动的	有限的	固定的
活动	领导者，在豪华俱乐部吃喝，经常疯狂购物	紧密的工作时刻表，经常外出就餐或旅游	朝八晚五的工作，有限的可支配收入，偶尔的外出，照相机和公园	体力劳动者，忙于温饱，大众娱乐如收看电视体育节目

基于产品的细分主要针对人们对产品的使用情况以及产品给消费者带来的利益进行设定。主要包括使用量、使用情景、利益等变量。

使用量细分：20% 的消费者购买了 80% 的商品，这符合 80/20 法则（80/20 法则指在任何大系统中，高百分比的结果是由低百分比的变量产生的。对设计而言，80/20 法则有助于集中力量，评估设计中不同成分的价值，把握重点，集中力量在关键的 20% 上，简化次要的 80% 部分）。通过对产品使用量的调研，可以将消费者划分为重度用户、中间用户以及轻度用户 3 个不同的市场。设计师需要尽力满足重度用户的需求，同时关注中间用户和轻度用户。

使用情景细分：使用情景细分是基于产品的使用模式进行细分的。消费者在特定的时间、地点（场景）使用着特定的产品。早餐时，美国人习惯喝咖啡，就有饮用水公司瞄准该市场推出添加了咖啡因的瓶装水。而到了纪念日或节日，人们会选择购买合适的礼品。

利益细分：设计师和市场策划人员应明确产品或服务提供给消费者的种种利益，尤其是最重要的利益。前文所述宝洁公司旗下不同洗发水的市场细分就是利益细分的典型案例。利益细分是对同一种类产品的不同品牌进行定位的重要手段。

第二节　市场定位

一、定位

定位是现代设计和营销领域中一个关键的战略概念。它将企业自身的产品、服务与竞争对手区别开来，针对特定的细分市场进行策划、设计。

在出现"定位"这个词之前，美国著名的广告人罗瑟·瑞夫斯（Rosser Reeves）指出：所有的广告都应该将注意力集中在产品或服务真正出众的特性或利益上。他称之为"独特的销售主张"（unique selling proposition），简称USP理论。这是定位概念的雏形。1972年，两位广告人，阿尔·里斯（Al Ries）和杰克·特劳特（Jack Trout）在《广告时代》（Advertising Age）中提出了定位的基本概念。文章题名为"定位新纪元"（The Positioning Era）。在这之后，他们又出版了一本《定位：心灵之战》（Positioning: The Battle for Your Mind）的书，提出了以下观点：定位并不针对某个产品，而是针对潜在消费者的心理，发现顾客的需求，然后第一个满足它。法国人将这个观点概括为"找到这个洞"。

理想的定位需要尽可能满足独特性、必要性和可信度标准。独特性指产品应有独一无二的特性；必要性指该特性应对消费者有重要意义；可信度指产品的特性应与定位宣传相符，能取得人们的信任。

二、定位图

定位图是市场定位的最常用方法。传统的定位图显示了竞争对手的产品、品牌在设定好的虚拟空间中的位置，以此标明消费者对该产品的认知和评价。现在，定位图方法在众多领域中得到了进一步的拓展。一些色彩研究机构也开始采用定位图方法进行色彩策划（图3-8）。

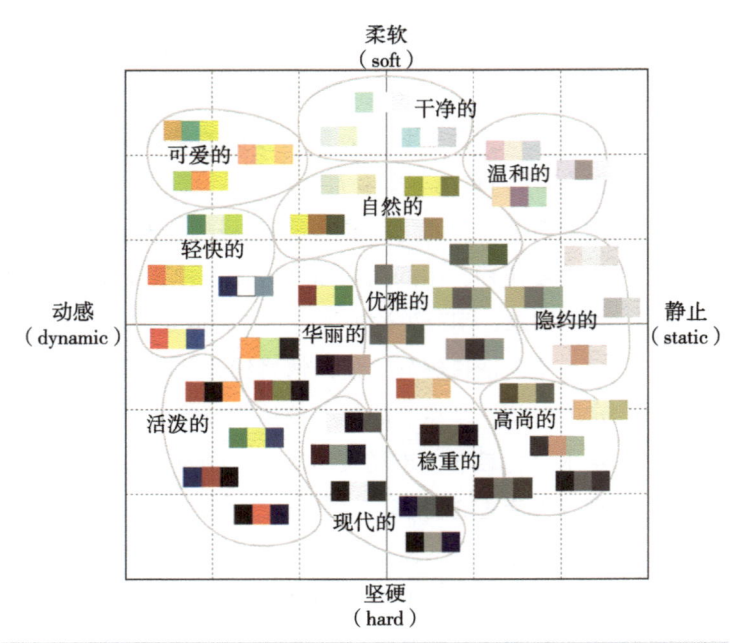

▲ 图3-8　韩国I.R.I设计机构的配色尺度空间

定位图的种类繁多，不少制作定位图的方式涉及繁冗的统计学计算，而设计师常用的定位图称为感知图（perceptual map）。设计师的定位图以图像表达为主，通常以产品图片而不是产品名称来进行定位，将设计图稿或者调查汇集的产品图片放置在定位图上，进行参照研究，寻找市场机会。定位图分析并不强调数据的精确性，而是一种直观的定性分析方式。

三、定位图的设置

定位图的设置步骤如下：

1. 收集产品资料图片
2. 确定轴和象限

定位图由轴和轴分割而成的空间组成。轴代表了产品的各种与设计相关的重要属性。轴的两端通常由一对意义相反的描述性词语表示（往往是形容词），代表着同一属性的两个方面，通过语意区别将产品进行定位。一般将符合趋势或者具有正面意义的词语置于横轴的右方或纵轴的上方，而与趋势相反或负面词语置于横轴的左方或纵轴的下方。如果无明确的趋势方向或者难以区分正面还是负面意义，则按通常的语言表达顺序将前面的词语放在横轴的右方或者纵轴的上方，如"高/低"这个对子，将"高"放在横轴的右方或者纵轴的上方。一般情况下将第四象限作为设计趋势的方向或者产品定位的目标象限（图3-9）。

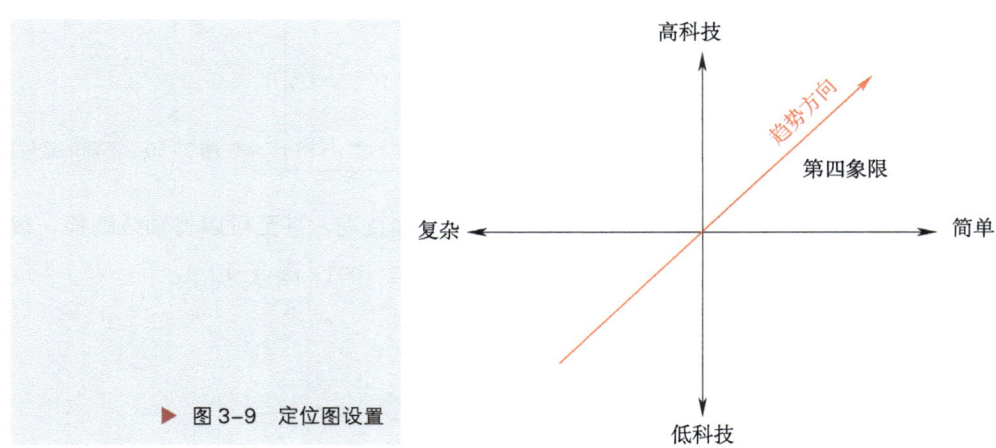

▶ 图3-9 定位图设置

在选择描述性词语时应尽量不带感情色彩，如前面出现的"高价/低价"用"昂贵/便宜"代替就不很合适。对于有多重属性的产品，在设计定位图时应分解为多幅系列定位图，而尽量不要采取多轴向方式，以便研究时能一目了然。在横轴和纵轴的选择上，一般将更重要的属性设置在横轴，常用的轴如表3-3所示。

表3-3　　　　　　　　　　　常用轴示例

轴正向	轴负向
新潮	传统
保守	前卫
有机	几何
中式	西式
软	硬
动感	静止
高科技	低科技
简单	复杂
感性	理性
男性化	女性化
高（价）	低（价）
快	慢
大	小
简单	复杂
……	……

当轴的属性没有出现相反方向时（如价格、速度、尺码以数值形式出现而不是"高价/低价"、"快/慢"、"大/小"），定位图的样式会随之改变。图3-10是两种可能出现的定位图样式。

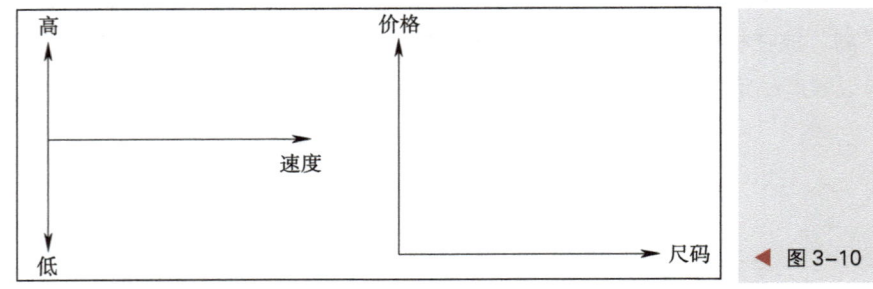
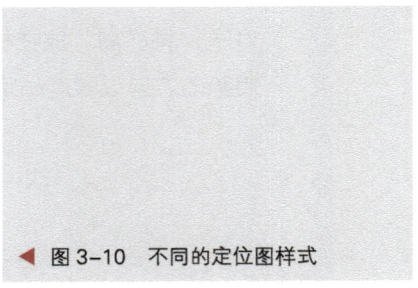

◀ 图 3-10　不同的定位图样式

另外还可以在轴上增加方阵来使样本放置更加直观，甚至可以将轴线隐掉，仅出现方阵，如 Philips Design 采用的 Visual Mapping Tool（图 3-11）。

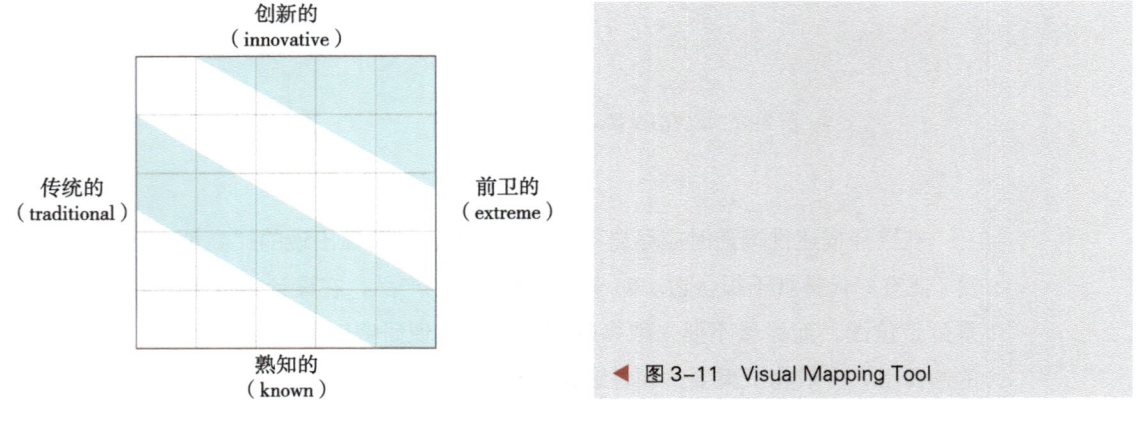

◀ 图 3-11　Visual Mapping Tool

第二节 市场定位

3. 放置参照样本

以最常见的两轴四象限定位图为例，设计师在确定轴和象限后，从搜集的样本（产品资料图片或设计方案）中挑选出最中性的图片。先放置在轴线相交之处，然后选择四个极端属性的样本，分别置入四个象限。

4. 放置其余样本

将其余样本和前面五个参照样本进行比较，将图片放入定位图的各象限中，在放置的过程中，前五个样本也应相应调整，使定位图更清晰、准确。

5. 进行产品定位

在对产品进行定位分析时，应综合考虑社会—经济—技术因素，简称"SET"因素。社会因素指社会文化趋势和流行趋势，经济因素指经济状况与消费能力，技术因素指技术实力和新技术应用情况。

以餐桌椅的定位图为例：

步骤1：收集市场上各种式样的餐桌椅图片资料（图3-12）

▲ 图3-12　步骤1

步骤2：选择与设计相关的两种属性，确定轴和象限（图3-13）

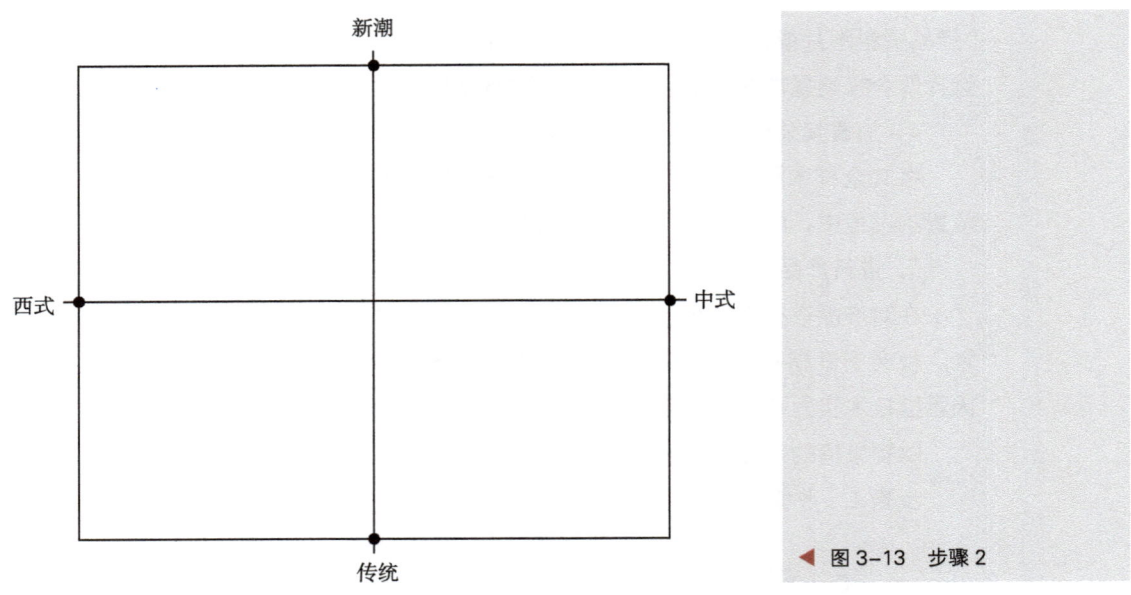

◀ 图3-13　步骤2

步骤3：放置参考样本（图3-14）

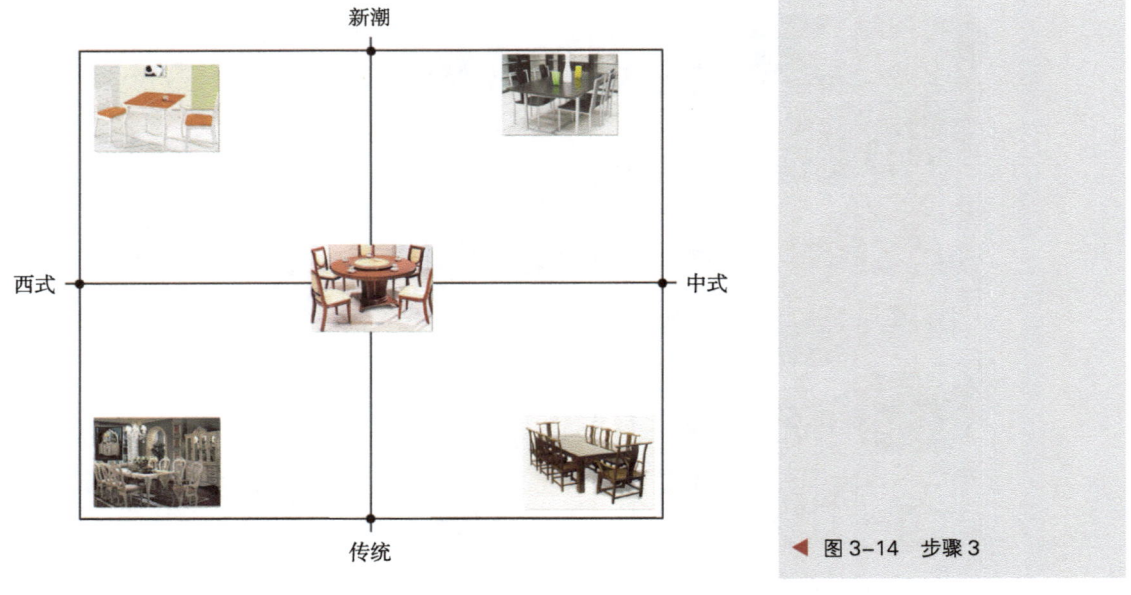

◀ 图3-14　步骤3

步骤4：放置其余样本（图3-15）

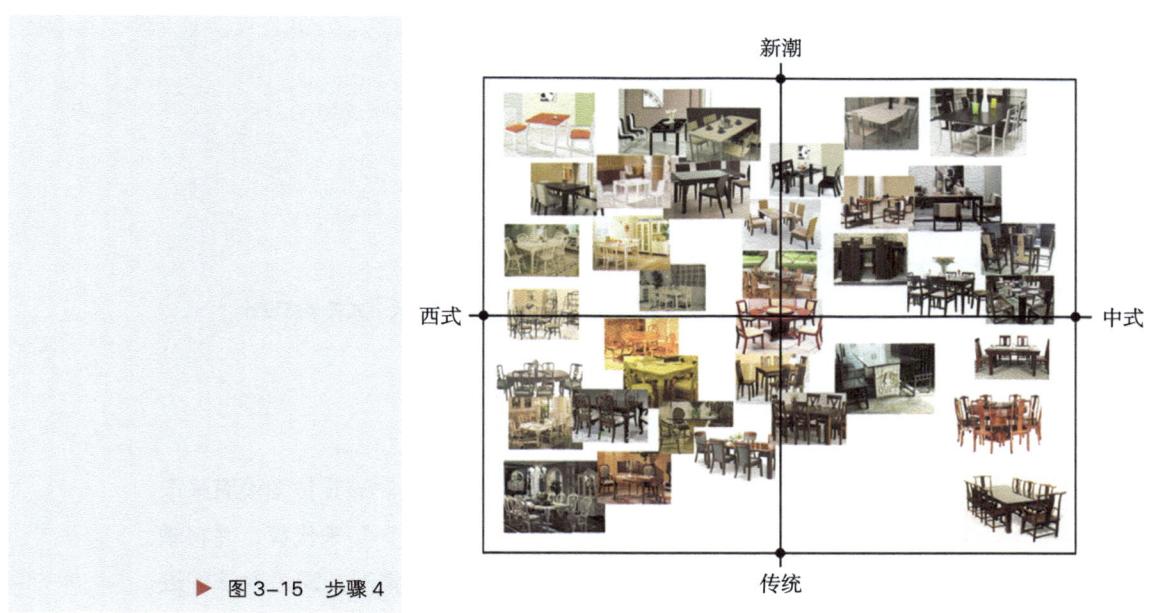

▶ 图 3-15　步骤 4

步骤 5：进行产品定位（图 3-16）

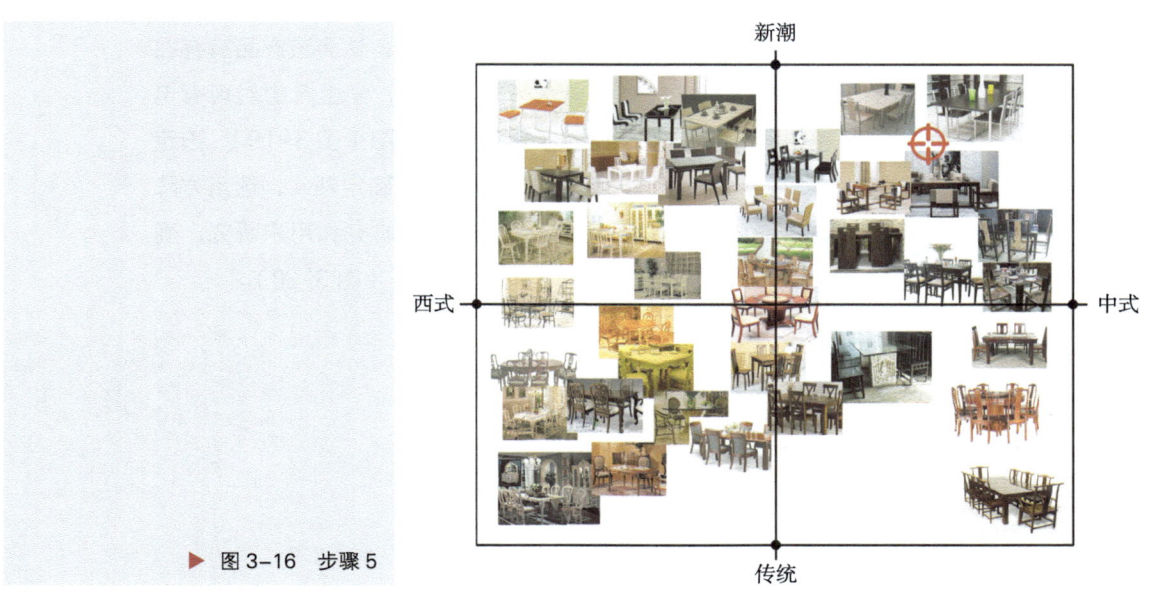

▶ 图 3-16　步骤 5

结合设计趋势研究，最终设计如图 3-17。

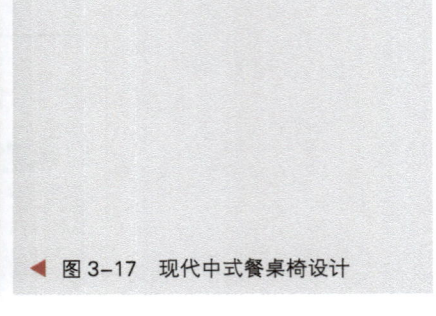

▲ 图 3-17　现代中式餐桌椅设计

四、定位图案例分析

图 3-18 是一学生在对电水壶进行市场调查时绘制的定位图。该定位图没有采取"高价/低价"和"不便携/便携"这样的描述性词语，而以"+/-"来代替，并将轴线位置进行了调整，同样可以清晰地反映各产品在图中的定位情况。通过对该图进行分析，学生发现右上角有一处空白区域。这样的空白区域在定位图中称为机会空间，代表着市场空白或者竞争对手较少。但并不是任何机会空间都真正存在市场机会，必须要深入分析其存在的合理性。就该定位图而言，空白区域意味着价格较高的便携式电热产品，学生经过"SET"分析和进一步的用户研究，认为该产品有存在的价值，并确认自己的设计对象是价格较高的电水杯。紧接着，学生希望对现有电热壶（杯）产品的设计风格进行研究，于是绘制了第 2 张定位图（图 3-19）。该定位图使用了"柔软/硬朗"、"冷静/活跃"这两对描述性词语来确定轴向，选用方阵形式，并对方阵中各区域进行描述。最后，学生结合设计趋势研究和用户研究，确认了自己的设计风格，最终设计出"简洁干净"的分体式电水杯（图 3-20）。

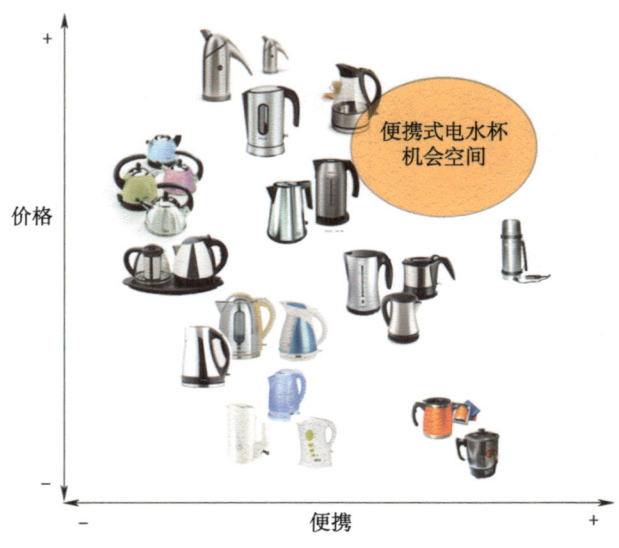

▲ 图 3-18　电水壶（杯）市场定位图

第二节 市场定位

▲ 图 3-19　电水壶（杯）设计风格定位图

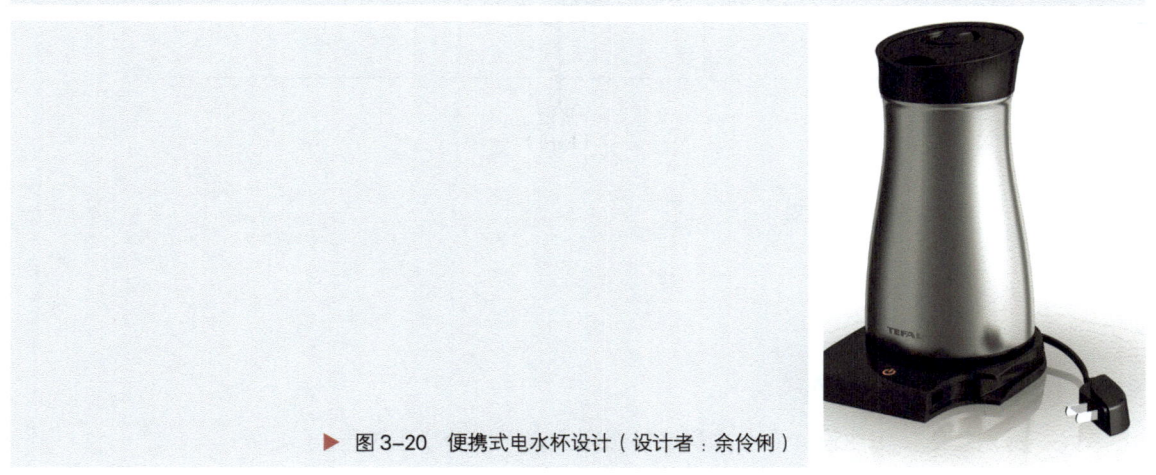

▶ 图 3-20　便携式电水杯设计（设计者：余伶俐）

图 3-21 是韩国 I.R.I 设计机构制作的形容词形态语意定位图。该图并未出现任何图片，代之以一系列描述性词语。设计师设定了"动感/静止"、"柔软/坚硬"为形态定位的参照，根据人们对这些形容词语意的形态感知进行定位。该定位图对产品设计风格的确定很有帮助。

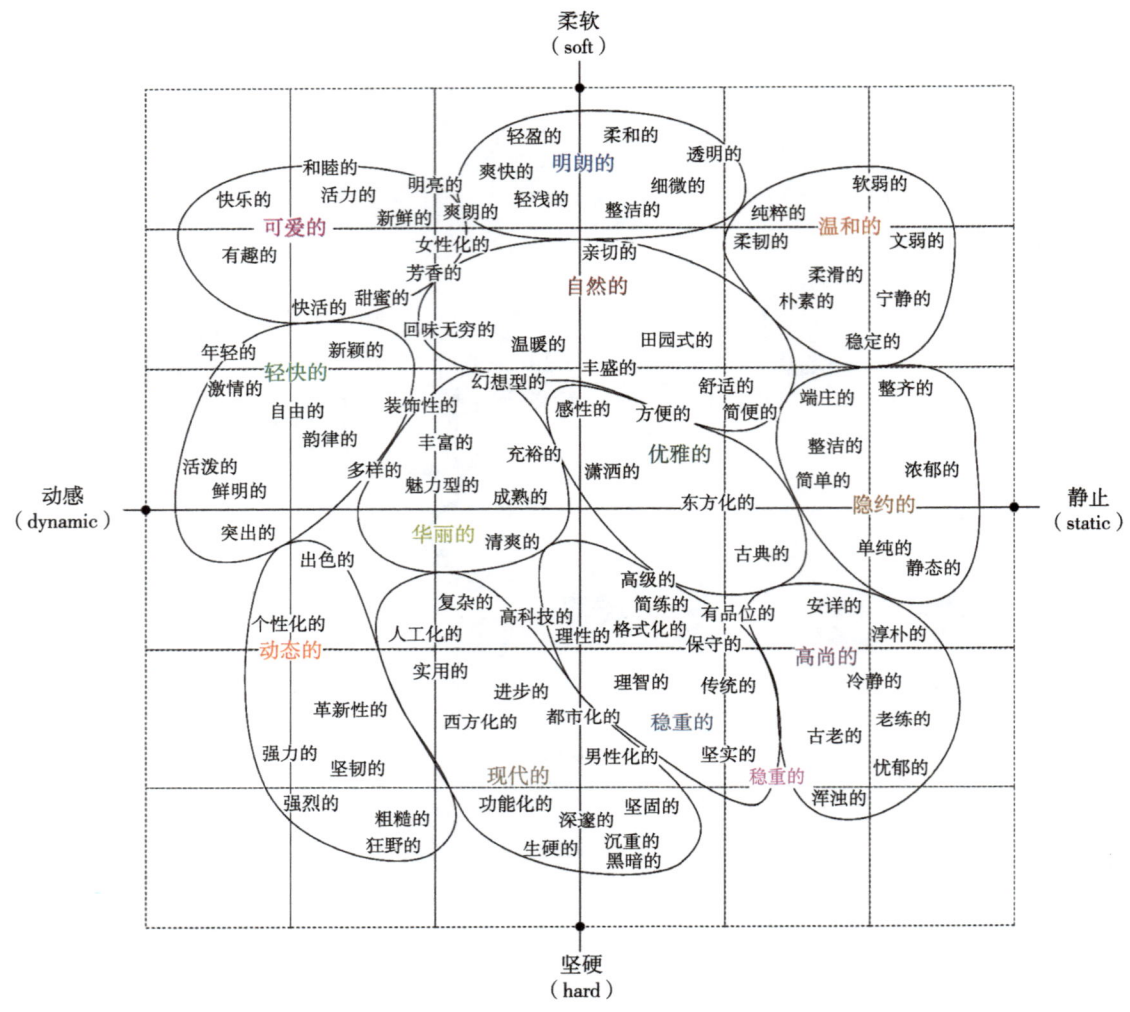

▲ 图 3-21 形容词形态语意定位图

练习题

1. 主题：谁瞄准了我

▷ 适用年级：工业设计专业本科二年级以上，可以分小组进行。

▷ 规格要求：通过拍照收集自己和身边同学日常使用的各类产品、吸引自己购买的产品广告、校园里的产品宣传、商家针对大学生的促销活动等，整理分类并进行初步分析，将图文制成 PPT。

▷ 参考时间：135 分钟（90 分钟收集整理，45 分钟组织课堂讨论）。

▷ 分析：全国在校大学生有 2 000 多万。学生市场的潜力是巨大的，一方面大学生自身已具有一定的购买力，另一方面当下形成的产品态度会影响其工作后的购买行为。我们大学生最喜欢购买哪些产品？哪些因素影响了我们的购买行为？通过收集大学生使用的相关产品、宣传的资料图片，初步研究这些产品设计时的定位策略，有助于深入理解"市场细分和定位"的意义。

2. 主题：数码相机定位研究

△ 适用年级：工业设计专业本科二年级以上，可以分小组进行。

△ 规格要求：通过出版物、网络等媒体尽可能多地收集当今市场上正在销售的数码相机的产品图片。设计并制作数码相机的市场定位图和风格定位图。并尝试根据定位图设计出适合数码相机的市场细分方式，参考图 3-7 给每个细分群体命名并进行简单分析，将图文制成 PPT。也可根据设计项目选择其他的产品进行练习。

△ 参考时间：165 分钟（120 分钟收集整理，45 分钟组织课堂讨论）。

△ 分析：数码相机是较为普及的消费电子产品，对于数码相机市场定位、风格定位的分析具有一定的代表性。设计定位图时需要把握数码相机与设计、销售相关的重要属性，设定合适的轴向。研究产品在定位图中的分布，寻找合适的市场细分方式，注意不要将市场分得过粗或过细。

第四章
品牌研究

▶ 学习目的与要求：

　　本章主要研究与品牌相关的设计理论和方法，要求学生了解品牌概念和品牌价值，从知觉、品牌设计原则和品牌形象的构成要素等角度全面地认识品牌形象，理解品牌个性，熟练掌握产品 DNA 的分析方法。

▶ 重点：

　　产品形象、品牌个性。

▶ 难点：

　　产品 DNA 的设计分析、品牌地图。

第一节　品牌与品牌形象

一、品牌

　　品牌一词源于古挪威语，词源的意思是给牛做标记，以区分财产的所有人。

　　菲利普·科特勒对品牌的定义如下：品牌是一种名称、名词、标志、符号或设计，或是他们的组合运用，其目的是借以辨认某个销售者或某群销售者的产品或服务，并使之同竞争对手的产品或服务区别开来。这是品牌的基本功能。

　　品牌的高级功能基于产品或服务在消费者心目中的地位以及形成的效应，高级功能是以品牌形象的形式积累起来的，并成为无形资产，在产品或服务今后的更新或扩展中予以传递。

二、品牌形象

随着消费者群体对产品、服务的认知加深，他们共同拥有的对某一品牌的主观心理印象就形成了品牌形象。当我们想起沃尔沃（Volvo）时会想到安全，会想到尾灯的轮廓线；想起耐克（Nike）时会想到红色的大勾标志，会想到乔丹，会想到"just do it"，会想到街头篮球和涂鸦。品牌形象的形成有三个方面的因素：营销传播、消费者感受和社会影响，也可以简单理解为：广告、体验和口碑。

品牌形象代表着企业巨大的经济价值，品牌不只是一个产品的图标，而是一个精心设计的商业系统，从最初的产品规划策略一直延续到最终的用户服务，全都包含在内。顾客消费的不是产品本身，而是整个系统。国内某饮料公司为旗下的可乐品牌做过一个用户测试，将可口可乐和该公司可乐倒入相同的杯中，让消费者在无法从视觉辨别品牌的情况下品尝，结果消费者根本无法辨别哪个口味更佳，不少消费者甚至觉得该公司可乐味道更好些。但是，一旦测试者获知哪杯是可口可乐，哪杯是该公司的可乐，绝大多数测试者都认同可口可乐。这使该公司觉得"很冤"。其实正如可口可乐的宣传一样，"可口可乐并不是饮料，而是一位朋友"。消费者与可口可乐品牌长期的情感联系比起其口味来更重要，这正是可口可乐品牌的价值所在。美国《商业周刊》杂志每年都会发布全球品牌价值排行榜，图4-1是2008年榜单的前10位。

排名	品牌	名称	国家	主要业务	品牌价值（单位：百万美元）
1	Coca-Cola	可口可乐	美国	饮料	66 667
2	IBM	IBM	美国	计算机	59 031
3	Microsoft	微软	美国	软件	59 007
4	GE	通用电气	美国	多样化	53 086
5	NOKIA Connecting People	诺基亚	芬兰	移动电话	35 942
6	TOYOTA	丰田	日本	汽车	34 050
7	intel	英特尔	美国	半导体	31 261
8	i'm lovin' it	麦当劳	美国	餐饮	31 049
9	Disney	迪斯尼	美国	娱乐	29 251
10	Google	谷歌	美国	软件	25 590

◀ 图4-1 2008《商业周刊》品牌价值榜

从消费者知觉角度而言，品牌形象源自人的图式记忆。图式记忆（schematic memory）也叫知识结构，是人长时间记忆中的信息组织方式。图式记忆是一种复杂的联想网络，各种信息如概念、事件、情感以节点形式存储在记忆中。图 4-2 是 iPod 品牌的图式记忆，该图中，有些节点如怀旧、经典、运动等与 iPod 本身的联系不如创新、设计、音乐、精致等这么直接，只有当想到经典款 iPod（iPod Classic 或 iPod Shuffle）时才会被激活。图式记忆有助于设计师分析品牌形象的构成。

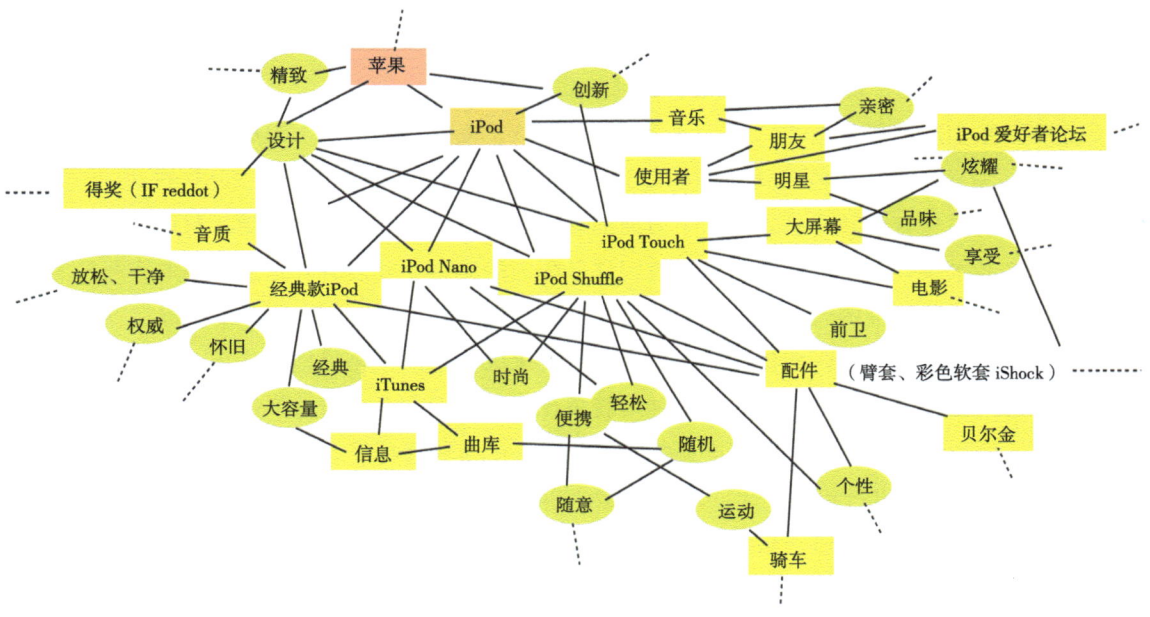

▲ 图 4-2　iPod 的品牌图式记忆

为了实现良好的品牌形象，设计师必须建立并遵循品牌设计原则。品牌设计原则是针对图式记忆中品牌不同方面的信息进行描述，一般采取关键词描述法（keyword），以伊莱克斯为例，伊莱克斯的品牌设计原则描述如下：

伊莱克斯是……的

（1）简洁：整洁的、不累赘的、无任何多余的装饰，视觉上清洁、简单，表面清楚透明、给人以现代感；

（2）直觉的、理解的：目的明确、透明度高、易理解，无需太多的解释也能了解其目的，与人及人的周围环境相符，可依赖的；

（3）纯净：宁静、优雅、材质清晰、运作明确、洁净、清楚，忠于设计、无视觉干扰、自信、思路清晰、平稳；

（4）舒适与安全：安全的，保险的，受欢迎的，可靠的，引人入胜的，非攻击性的，非胁迫的，非压抑的；

（5）人性化科技、社会和个人：运用人类工程学，适应性强，灵活的，有回报的，不是为了科技而科技，简化了购物、烹调、阅读等的程序，确保人们的高效率，使人们的知识丰富，具有相通性和连贯性，技术给生活增添了价值；

（6）活动自由：流动性，具有吸引力的相互作用，自由的，创造性、预见性的。

伊莱克斯不是……的

累赘的，权威的/好斗的，炫耀的/喧哗的，敏感的/顺从的，戏剧性的/呆板的，流行的/模仿的，装饰的/过分的，理论的/学院派，乏味的，受限制的/不舒服的，为了技术而技术，复杂的，世俗的/厌烦的/不兼容的，空洞的，傲慢的/感觉迟钝的，不可靠的，软性的/懒惰的，盲目的。

品牌形象由产品形象（PI）、视觉形象（VI）和人力资源形象（HI）组成，其中产品形象是关键。摩托罗拉公司亚洲区前设计总监邱丰顺曾经说过："一个企业的品牌同时受到广告宣传和产品本身两个方面的影响。而目前大陆企业打品牌的意识很强，但产品本身处于弱势。我们可以看到许多国内的大企业并没有固定的产品形象……反观那些国际性的企业，品牌是透过产品来认知的，任何一家国际化的大品牌都会有自己的产品特征，即使产品上没有自己的logo，也能很轻易地被认识。他们的设计部门在设计新的案子时不会单纯地就事论事，他们会考虑有关产品形象的方方面面，例如公司的历史、现有产品的状况和将来的发展目标等，并试图在几者间找到和谐点，从而进行新的设计。"（*CG* 杂志 2004 年第 3 期）

产品形象在构建时应遵循系统性、统一性和稳定性原则。系统性指从企业的企业文化、产品定位出发，系统地考虑产品形象；统一性指产品形象应该具有易于识别的统一特征；稳定性指产品形象不宜随意变动，新产品和旧产品之间应有较强的延续性。

基于产品形象的构建原则，研究者提出了产品 DNA 概念。DNA 是遗传信息的载体，决定着生物体亲子之间的相似性和继承性。与生物的遗传和变异自然法则相似，产品的继承和创新也应遵循一定的设计法则，这就是产品的 DNA。

产品的 DNA 保证产品有着相对稳定的血统，使产品在演变的过程中，新技术、新材料的应用，新产品的诞生，都不会影响企业文化、设计哲学的贯彻。以丹麦著名家电品牌 B&O（Bang & Olufsen）为例，B&O 从 20 世纪 20 年代起便开始进行无线电、音响等视听设备的研发，一直秉承简约的现代主义风格，始终保持着高品质的设计血统，而且根据各个时代设计趋势演变与科技发展对其设计风格做出相应调整。从三四十年代的木质造型，五六十年代的塑料材质使用，至七八十年代研制的完美金属抛光工艺，八九十年代极简主义造型下工程塑料与金属材质的搭配，一直到千禧年之后，富有张扬个性又不失人文情怀的设计语意。在 B&O 设计哲学引导下的产品，总能成为不同时代的品质标杆（图 4-3）。

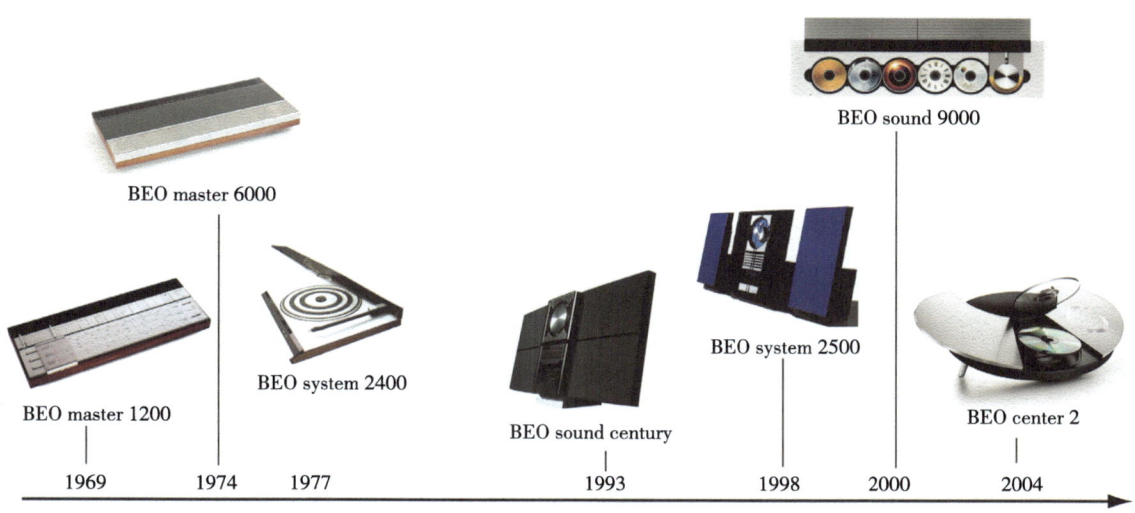

▲ 图 4-3　B&O 产品路线图

意大利著名家居公司 Alessi 号称"设计梦工厂"，Philippe Starck、Stefano Giovannoni 等数百名著名设计师和新锐设计师为其设计，其中甚至包括 Zaha Hadid 等许多建筑设计大师（图 4-4）。这些设计师都有着强烈的创作激情和个人风格，产品也因此多姿多彩，而 Alessi 则依靠这种方式贯彻了"卓越设计"和"设计引擎"的理念，并能永葆活力。

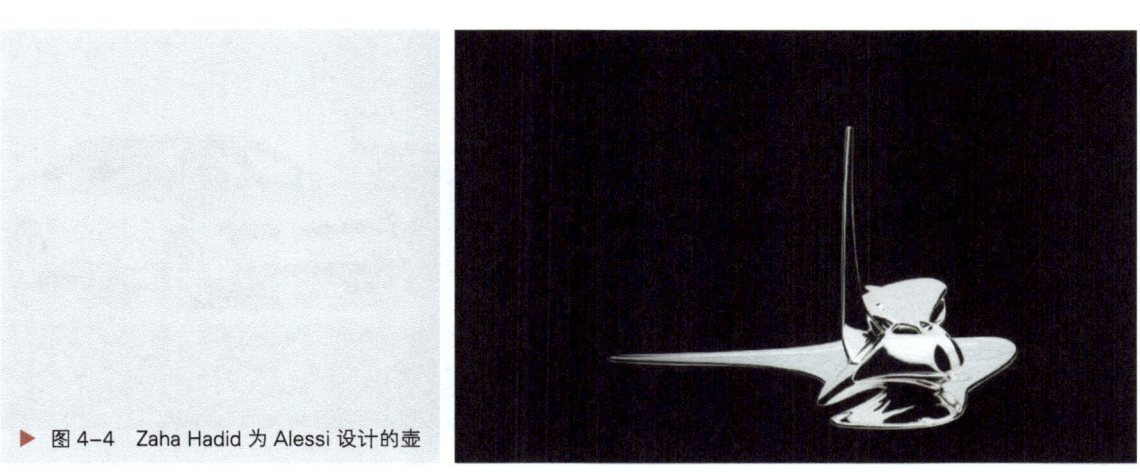

▶ 图 4-4　Zaha Hadid 为 Alessi 设计的壶

公司的设计理念只能形成 DNA 的雏形和血统，DNA 的遗传特征则来自一代一代的成功产品，尤其是具有鲜明特色和广泛认知度的里程碑式的产品。以 iPod 为例，2001 年，Apple 公司推出了硬盘式音乐播放器——iPod，其简洁的造型、洁白的色泽、独特的旋转触键从一上市就令时尚人士大为倾倒。Apple 公司抓住了第一代 iPod 的视觉和操控特征，衍生出 iPod Mini、iPod Shuffle、iPod Nano 等产品，壮大了 iPod

家族（图4-5）。

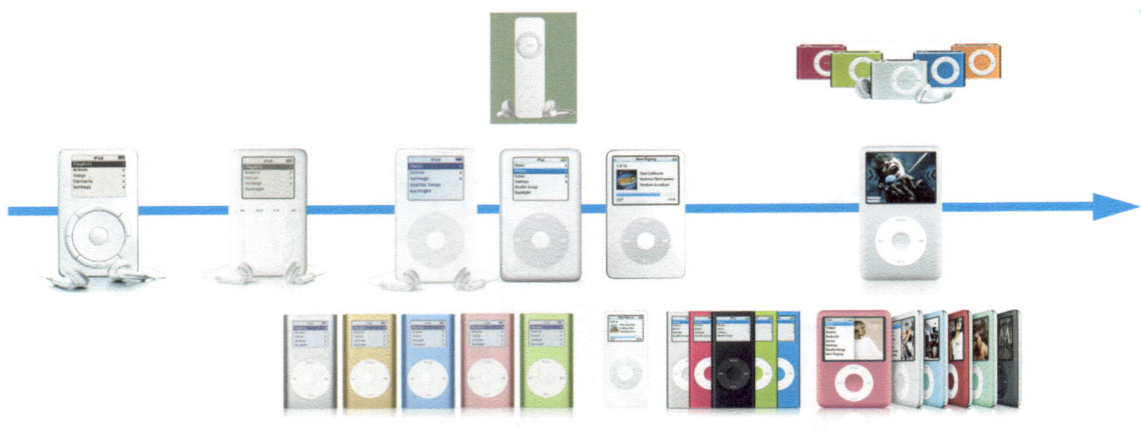

▲ 图4-5　iPod家族（2001—2007）

产品DNA的活力源于其自身的不断进化。产品的遗传特征并没有被简单地复制，而是一代一代地发展变化着。以宝马（BMW）5系汽车为例，其进气口、头灯和腰线的鲜明特征也是与时俱进的（图4-6）。这保证了每一代产品发布时，消费者对产品的视觉体验既是熟悉的，又是全新的，既能获得认同，又可带来惊喜。

▲ 图4-6　宝马5系汽车

产品DNA不仅仅在同一产品线中延续，有时还被移植到同一品牌的其他产品中。以Philips公司为例，Philips公司的三刀头电动剃须刀是广为人知的专利产品，其DNA中被称为"三叶草"的遗传特征不仅在剃须刀的升级换代中得到强化，还被移植到其通信产品线中去（图4-7）。

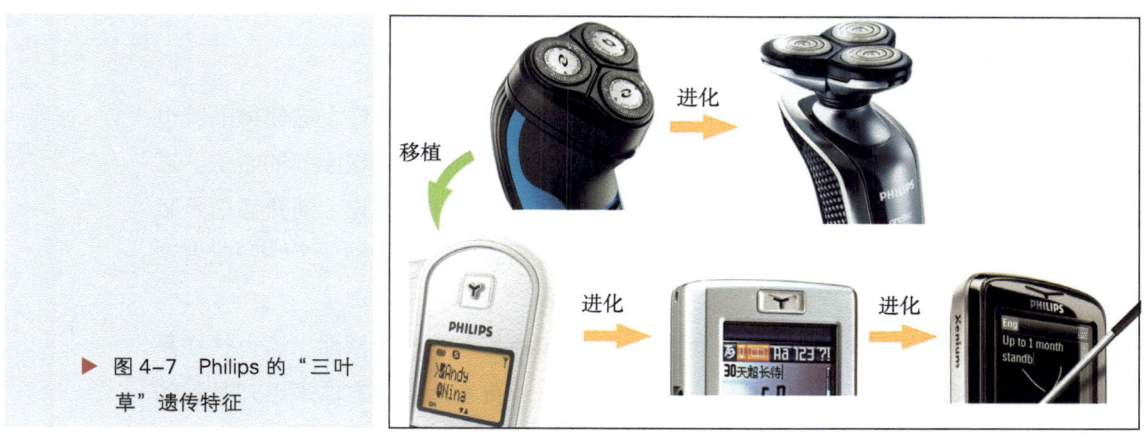

▶ 图 4-7 Philips 的"三叶草"遗传特征

设计师可以通过建构轮廓线方法或者剪影方法分析产品的 DNA，通过勾勒产品轮廓（图 4-8）或绘制产品剪影（图 4-9），消除产品在材质、细节上的差异，凸现产品的视觉特征，发现产品的相似之处。轮廓法或剪影法也可用来分析产品造型元素之间的联系。

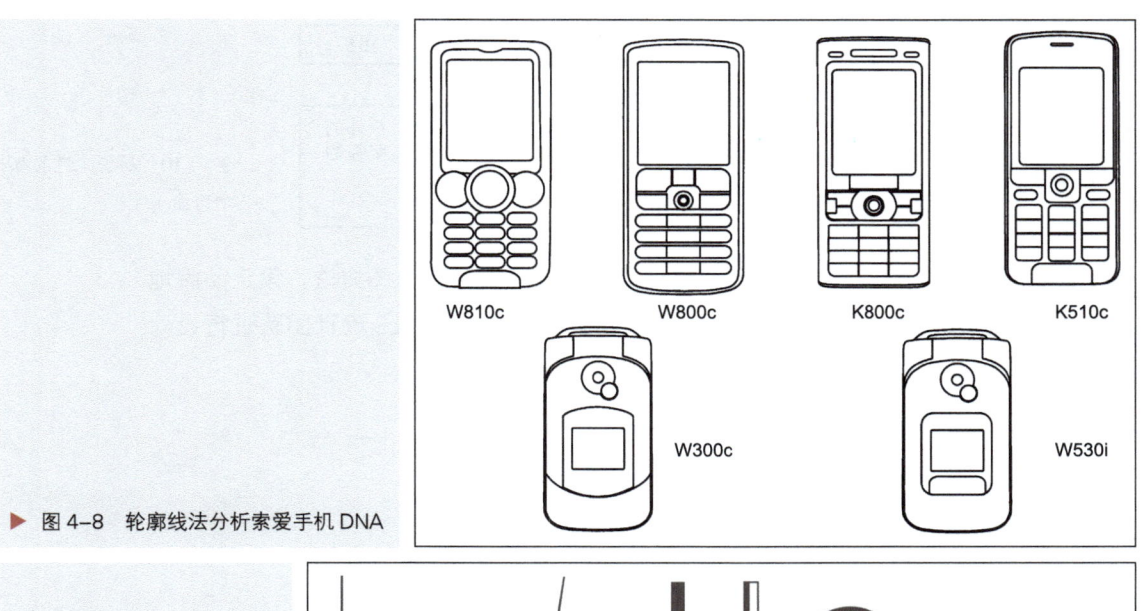

▶ 图 4-8 轮廓线法分析索爱手机 DNA

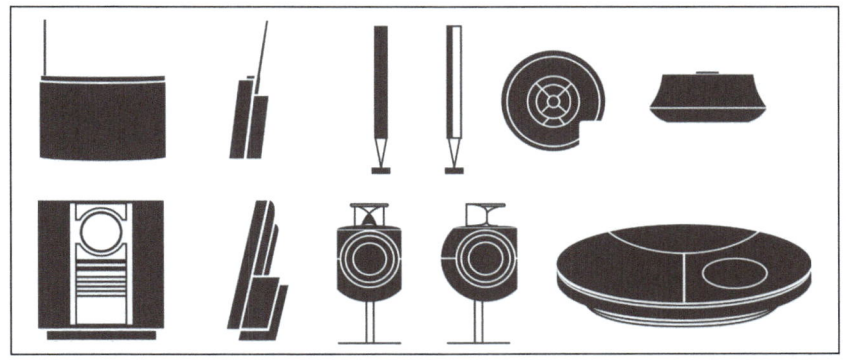

▶ 图 4-9 剪影法分析 B&O 产品 DNA

第二节　品牌个性

消费者常常使用各式各样的类似人格的特质来描述品牌的属性，这使得品牌也拥有了个性。品牌的个性化形象反映了消费者对品牌产品"内部核心"的看法。惠而浦（Whirlpool）公司的研究人员总结出以下关于品牌个性的结论：消费者总是赋予品牌某些"个性"特征，即使品牌本身并没有被刻意塑造成这种"个性"或者这些"个性"并非设计者所期望的。

品牌个性使消费者对品牌的关键特性、功能和相关服务产生预期，这也往往是消费者与该品牌建立长期关系的基础。研究表明，消费者从五个方面来感知品牌的个性（L.Jennifer）（图 4-10）。以 iPod 为例，结合图式记忆形成的品牌形象，iPod 富于想象的现代设计，可以依赖的灵活的互动界面，优雅、有魅力的形象造就了 iPod 的品牌个性：激动、能力和精致的混合体。

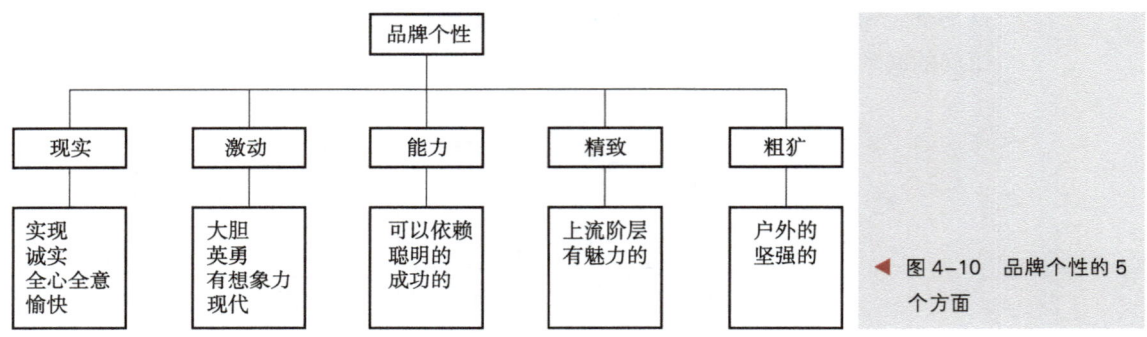

◀ 图 4-10　品牌个性的 5 个方面

在进行品牌研究时，设计师也可结合品牌个性分析和定位图方法，设定品牌地图，对自身品牌和竞争对手品牌进行研究。图 4-11 是美国 HLB 设计团队进行设计策划时制作的品牌地图。

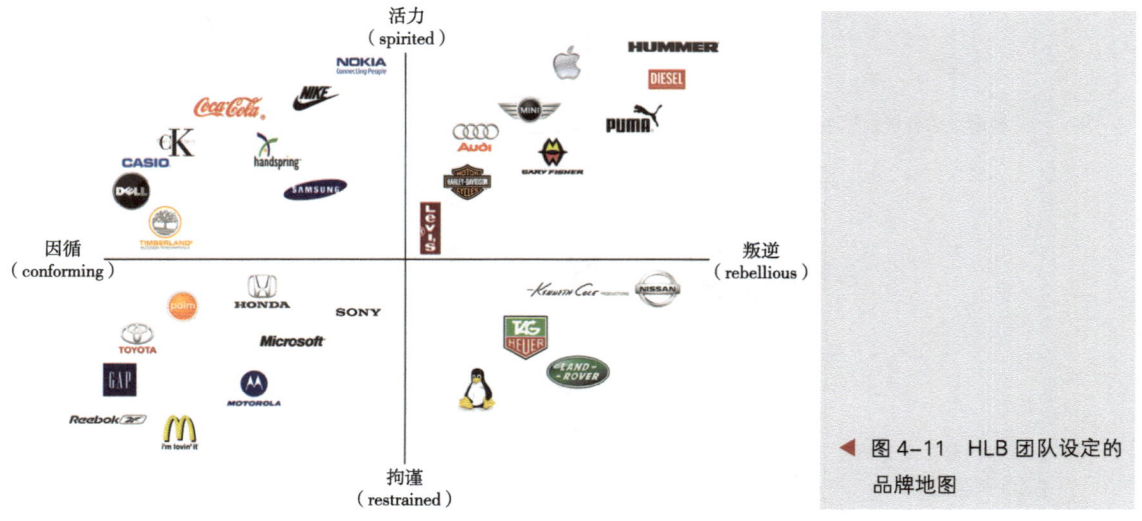

◀ 图 4-11　HLB 团队设定的品牌地图

图 4-12 是 J. D. Power & Associates 公司绘制的美国汽车市场的品牌地图。由于该公司从事的是专业的调研工作，该品牌地图超出了一般定位图的维度。

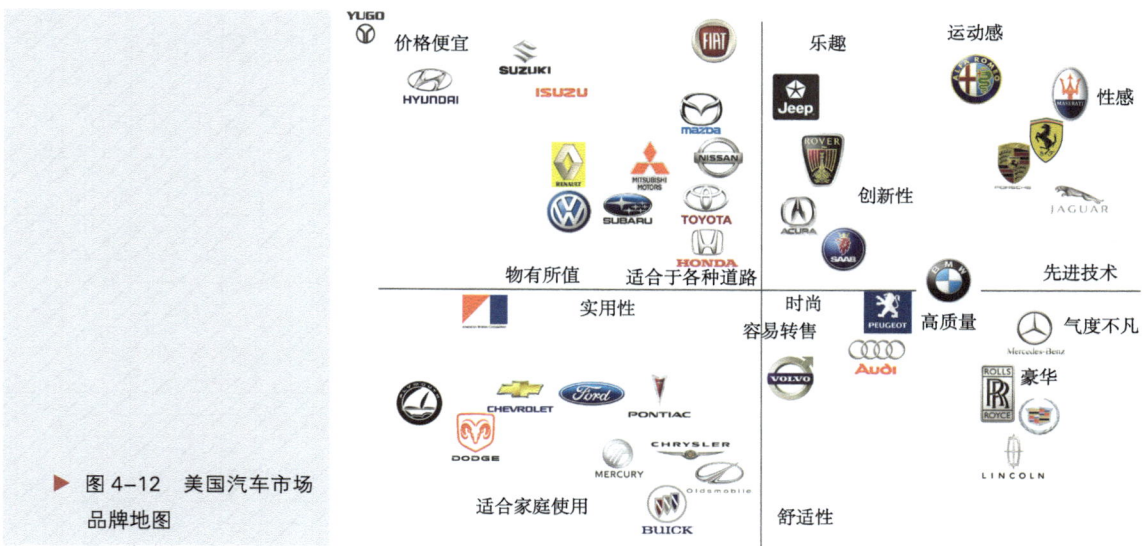

▶ 图 4-12 美国汽车市场品牌地图

练习题

△ 主题：We are Family（我们是一家人）——产品 DNA 分析。

△ 适用年级：工业设计专业本科二年级以上。

△ 规格要求：选择历史悠久、产品识别特征明显的品牌，收集该品牌同一类产品各视图图片（尽量不要选透视图），参考图 4-8、图 4-9，通过轮廓线法或剪影法重新绘制（利用 Illustrator、Photoshop、CorelDRAW 等软件），从轮廓线图或剪影图中分析产品形态之间的联系，提取 DNA 遗传特征。将图文整理成 PPT。

△ 参考时间：225 分钟（180 分钟收集整理，45 分钟组织课堂讨论）。

△ 分析：不要选择那些新品牌或者品牌形象模糊的品牌（国内很多著名品牌的产品形象不够统一）。在选择产品时，要注意不同产品线之间的区别，如 Nokia 手机的 N 系列、E 系列等。对于像 SONY 这样的大品牌，旗下有太多的产品，选择同一类产品较容易展开分析。

第五章
竞争对手调查

▶ 学习目的与要求：

　　本章主要介绍对竞争对手展开调查的方法，要求学生了解竞争对手调查的目的和基本内容，熟练掌握次级资料调研、路线图、产品阵容、品牌意象拼图、设计风格和设计语言分析、优缺点分析等竞争对手调查方法。

▶ 重点：

　　次级资料调研、路线图、产品阵容、意象拼图、优缺点分析。

▶ 难点：

　　品牌意象拼图、产品意象拼图、旗舰产品分析、优缺点分析。

第一节　竞争对手调查的内容

　　任何企业都不免面临市场竞争，从产品生命周期的引入期开始，一直到产品线消亡，市场竞争不断促使企业进行设计创新，推进产品更新换代。激烈的全球化市场竞争使产品细分和产品定位的重要性日益增加。商场如战场，只有"知己知彼"，才能"百战不殆"。通过竞争对手调查，企业可以识别竞争对手和潜在威胁，了解竞争对手的市场策略、产品定位和技术实力，研究竞争对手的企业文化、设计理念和品牌形象。

　　竞争对手调查的内容主要包括竞争对手的企业概况、企业文化、人力资源情况、财务状况、供应商、生产线、销售渠道、新技术新产品能力、产品线、产品宣传、产品服务等。这些需要专业的市场人员和调研公司才能完成。对设计师而言，竞争对手调查的重点在于对竞争产品的设计策略和设计风格进行研究。

第二节 竞争对手调查的方法

在对竞争对手设计策略和设计风格的调研中，设计师可以使用的工具和方法有次级资料调研、路线图（road map）、产品阵容（line up）、竞争对手用户分析（用户分析方法详见教材第2部分）、品牌意象拼图（brand image）、设计风格（design style）和设计语言（design language）分析、优缺点分析等。

一、次级资料调研

次级资料调研也称二手资料调研，通过整理企业内部资料（产品设计与技术信息、销售信息等）和收集出版物、媒体、网络中与产品相关的数据、信息，对这些资料进行分析研究，获得对产品、市场、竞争对手的初步的、整体的印象，为深入调研做准备。

次级资料调研非常经济，通过对现成资料的分析，可以避免一些重复的调研工作。设计师可以在图书馆进行文献检索或者通过网络搜寻获得大量的相关二手外部资料。在收集资料时，除了与产品、竞争对手直接相关的内容外，设计师还应关注社会文化趋势、经济形势和各类新材料、新技术的研发。

示例：

图5-1是中关村在线网站（www.zol.com.cn）关于液晶电视市场的调研资料，由该资料可以看出各液晶品牌的市场份额和消费者的关注热点。

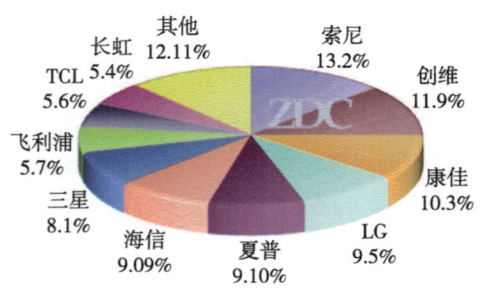
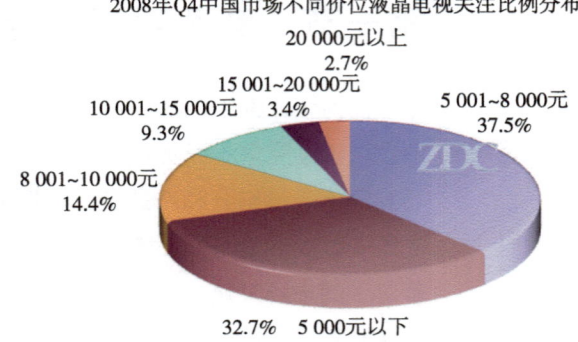

▲ 图5-1 液晶电视市场次级资料

图 5-2 是学生在设计电水杯时对现有饮用水加热设备相关信息的调研。

图 5-3 是学生在设计塔扇时对红外感应技术的调研，提出将红外感应技术应用到塔扇上可以使塔扇根据人的移动自动旋转送风。

开水煲（电水壶）：

- 快速煮沸，真正达到100℃，即开即饮，水质新鲜无污染，水量随需调节，省时节能，清洁容易，无卫生死角。
- 不能长时间保温，使用时间长可能结垢。

电热水瓶：

- 可以保温。
  加热时间长，不能真正煮沸，清洗不方便，保温过的水不新鲜，倒取水不方便。

饮水机：

- 可以保温，随时取用。
  桶装水质无法保证；反复加热，二次污染严重；费电且不能彻底沸腾；部分有利于人体的矿物质被滤除；需反复购买桶装水，使用费用高。

电热杯：

- 容量小，携带方便。
  烧水速度慢，寿命不是很长，安全系数不是很高。

▲ 图 5-2 现有饮用水加热设备次级资料调研

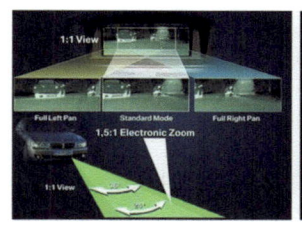 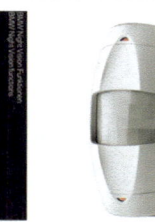  

现今是资源匮乏的时代，绿色节能早已深入人心。在时代的大背景下，产品设计注重节能是必然趋势。热区域捕捉技术在某种程度上即指红外线感应技术，红外线可以捕捉热能，只要是散发出热量的物体都可以被捕捉到。生物的热能远高于一般非生物，红外线感应可以很轻易地跟踪到人所发出的热能，配合自动转动装置，可根据热源的移动进行自动跟踪。将这一装置嫁接到塔扇上，在某种程度上塔扇就可以根据人的移动自动进行旋转，只在人所在热能范围内进行送风，相对减少无用的送风，从而节省能源。

▲ 图 5-3 塔扇相关新技术次级资料调研

二、路线图

路线图是对竞争对手历年产品变化的分析，一般采取定位图方式。路线图有助于设计师发现竞争对手设计策略的变更和设计语言的变化，把握设计的大趋势和方向，有针对性地制定自己的设计策略。图 5-4 是森海塞尔耳机的路线图，从该路线图中可以看出，森海塞尔耳机从低端到高端的风格越来越统一，造型简洁，曲面刚中带柔、变化微妙，专业中略显时尚。

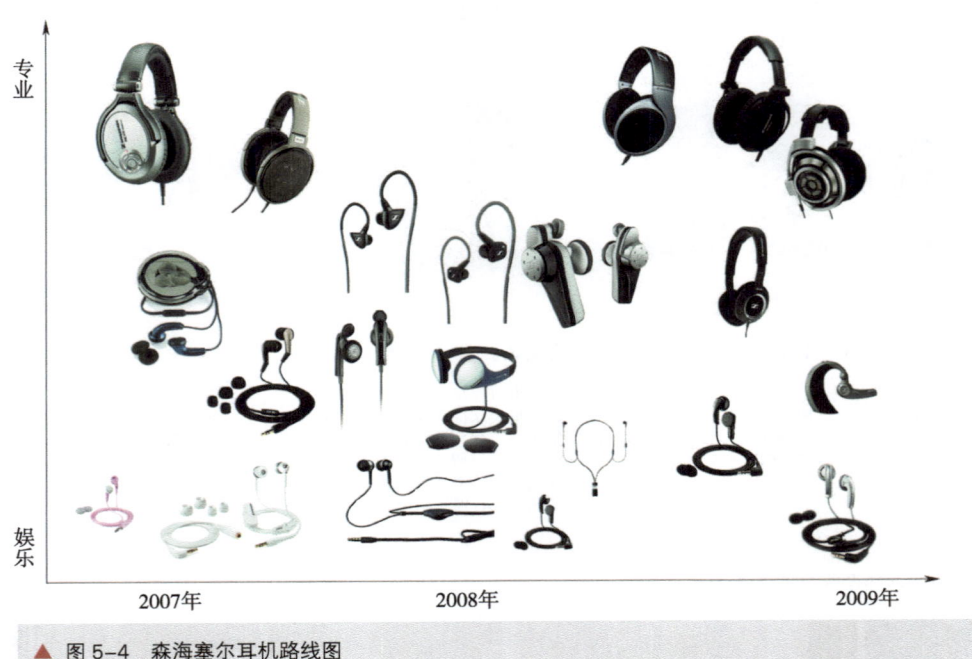

▲ 图 5-4　森海塞尔耳机路线图

不同竞争对手的路线图也可以整合在一起，这样可以更全面地了解市场的变化和趋势的发展方向，图 5-5 是 8 个品牌（品牌用色块代替）的平板电视路线图。通过对该路线图进行分析研究，得出一系列平板电视产品的发展趋势（图 5-6）。

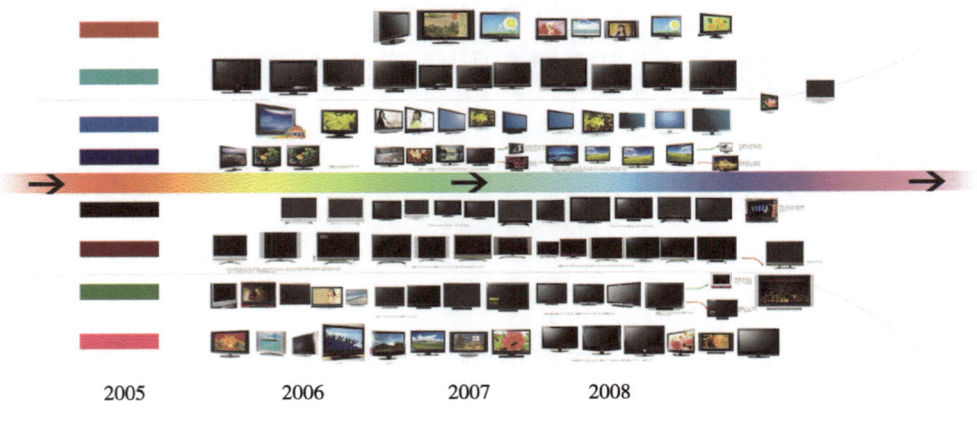

▲ 图 5-5　平板电视产品路线图

第二节　竞争对手调查的方法

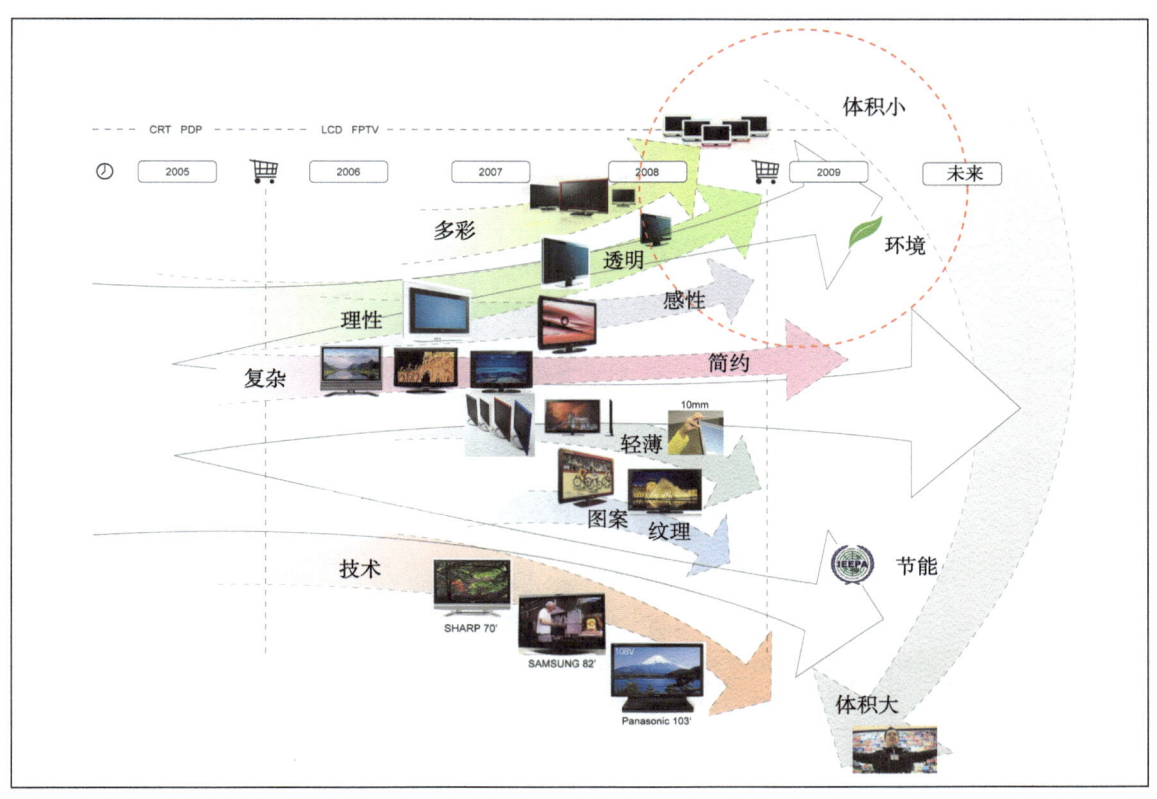

▲ 图 5-6　平板电视产品发展趋势

三、产品阵容

产品阵容是对当今市场竞争对手产品线的研究，往往结合市场定位图来分析竞争对手的产品定位。图 5-7 是 2008 年 SONY 液晶电视的产品阵容，该图将 SONY 的液晶电视按屏幕尺寸和价格因素分为 4 组，并对各组进行了简单的分析。

四、品牌意象拼图

意象拼图，英文为 mood board，也称为情绪板，是设计中常用的视觉工具。设计师对研究主题或设计方向的相关图片、影像、材料样本等进行收集、拼贴，以此激发灵感，拓展创意。设计师从意象拼图中获得的直观视觉感受，有助于理解设计方向和确认设计风格。在团队设计时，通过共同制作意象拼图，可以对研究方向和设计要素达成一致的感官体验共识，便于设计交流。

品牌意象拼图是将品牌的设计原则可视化，将品牌设计原则的关键词联想图、代表性的产品、品牌的经典广告、代言人形象等做成拼图,为设计师提供视觉参考。在制作意象拼图时,可以采取网格框架辅助排版,并附上关键词或简单的描述。图 5-8 是 SONY 的品牌意象拼图。

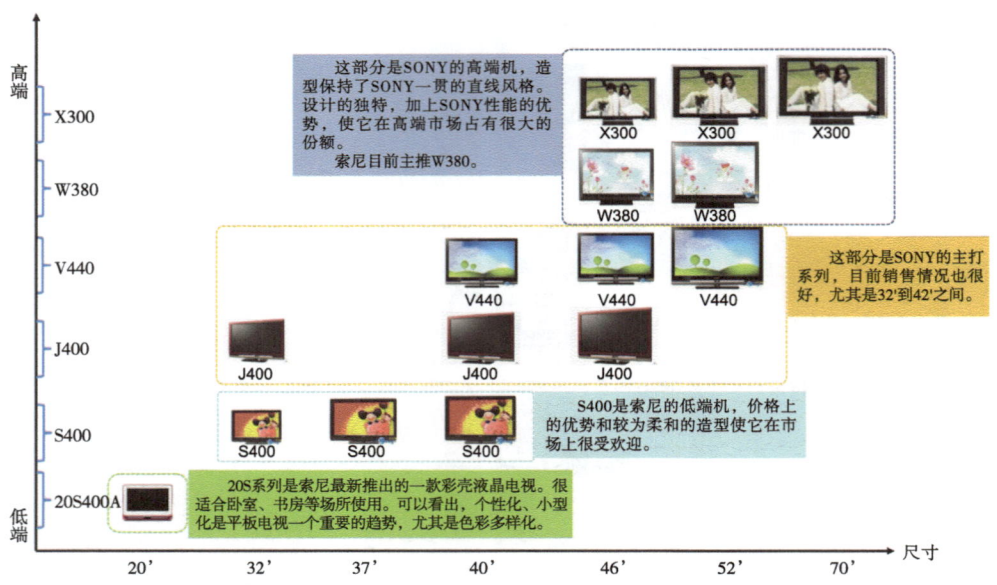

▲ 图 5-7 SONY 液晶电视产品阵容(2008年)

▲ 图 5-8 SONY 品牌意象拼图

五、设计风格和设计语言分析

设计风格和设计语言分析可以通过风格定位图、产品意象拼图、旗舰产品分析等方式进行。

风格定位图在定位图章节已经有较为详细的介绍,图5-9是SONY液晶电视的风格定位图。

产品意象拼图和品牌意象拼图类似,通过收集产品、产品细节和具有该产品相似风格的其他产品图片,制作拼图,并辅以关键词和关键词描述。图5-10是SONY液晶电视的产品意象拼图。

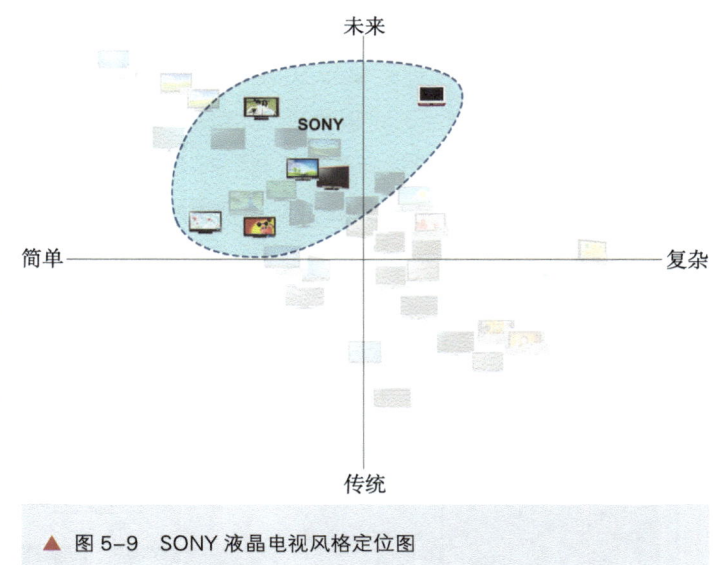

▲ 图5-9 SONY液晶电视风格定位图

▶ 图5-10 SONY液晶电视产品意象拼图

理智
造型几何特征突出,比例协调,疏密得当,曲面紧绷。

完美
制造工艺完美,装配精密,设计严谨。

细腻
细节丰富,表面处理质感丰富,善于运用镜面和高亮材质。

旗舰产品分析指对竞争对手的最高端最创新的产品进行设计分析。以 SONY 为例，SONY 公司的设计管理策略中有一个"SAB"(star ability business)方程式，其中"S"指开新纪元的设计。即使在 SONY 这样的公司，开新纪元的设计一年之中也只有大约十个，"S"设计汇集着 SONY 最创新的技术和年轻的最具创造性的人力资源。通过研究"S"产品，可以发现 SONY 技术和设计的前沿理念，这同样也适用于其他公司的旗舰产品。设计师在分析竞争对手旗舰产品时要特别注意分析其产品 DNA 和产品细节。图 5-11 是对 SONY 液晶电视旗舰产品的分析。

◀ 图 5-11 SONY 液晶电视旗舰产品分析

六、优缺点分析

优缺点分析是指寻找自身产品以及竞争对手的优缺点，并进行对比分析，吸取对手的经验，取长补短。优缺点分析基于因素分析方法，将产品的设计要素一一列出，逐项分析其优缺点，最后作出总结。产品因素一般分三类：

1．产品自身：成本、功能、部件、尺寸、材料、工艺、色彩、造型、细节、产品识别（DNA）等。

2．产品与人：产品定位、生活风格、情感、操控、用户界面、安全性等。

3．产品与环境：社会文化、使用环境、能源、回收等。

在对以上因素进行分析后，设计师需要从列出的优缺点中总结出几个对设计而言特别重要并且差异性较大的因素，并就该因素对各竞争对手进行评分，结果可以采取雷达图（radar map）方式表示。图 5-12 是 6 个液晶电视品牌的雷达图，设计师选择"环境融合、产品 DNA、细节、情趣、个性化"作为液晶电视最重要的设计因素,对 6 个品牌的液晶电视进行 5 分制评分。

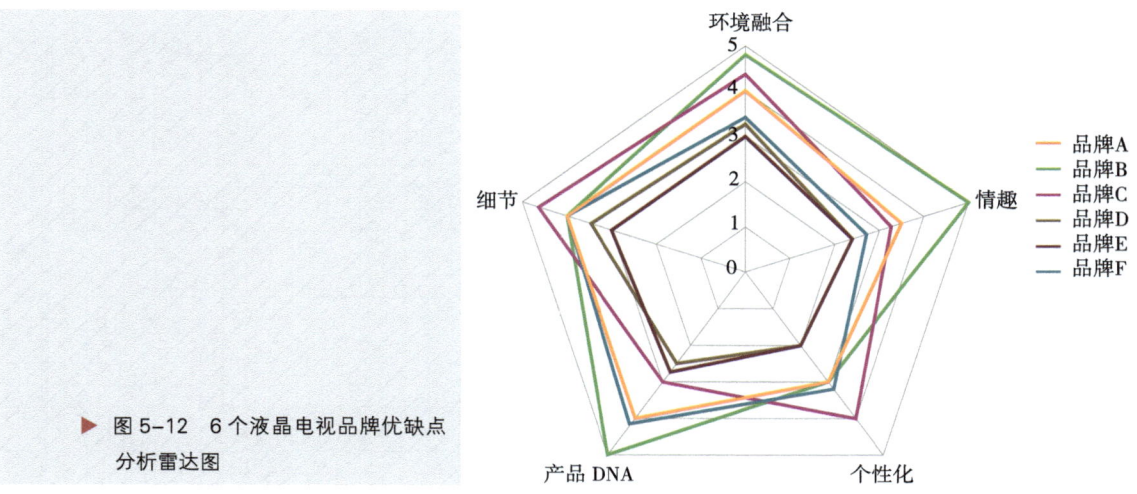

▶ 图 5-12　6 个液晶电视品牌优缺点分析雷达图

练习题

- 主题:数码相机设计情报分析。
- 适用年级:工业设计专业本科二年级以上,建议分组进行。
- 规格要求:对数码相机的相关次级资料进行调研,并在市场细分和定位一章的数码相机定位研究练习的基础上,选择三个假定的竞争对手(如索尼、尼康和佳能),分别制作路线图、产品阵容图和品牌意象图。分析竞争对手的风格定位,制作产品意象图并进行旗舰产品分析。最后对这三个竞争对手进行优缺点分析,归纳设计关键因素,制作优缺点比较的雷达图。本练习也可结合实际设计项目进行。
- 参考时间:225 分钟(分工后人均 180 分钟收集整理制作,45 分钟组织课堂讨论)。
- 分析:注意路线图的目的是对产品历史的回顾和对未来产品的预测,调研时需要对竞争对手的历年产品(一般 3～5 年)进行收集,而产品定位图、阵容图主要调查现今市场上竞争对手的产品。注意两者的区别。另外还需要注意区别的是品牌意象图和产品意象图,品牌意象图是品牌设计原则的视觉参考,而产品意象图则是研究产品设计风格的参考。图片绘制时可以参考教材样式,也可自行设计。

第六章
趋势研究

▶ 学习目的与要求：

　　本章主要介绍了设计师进行社会文化研究、社会文化趋势研究和设计（流行）趋势研究时运用的各种方法，要求学生理解趋势研究的重要性，了解社会文化的构成及其与产品的关系，初步掌握社会文化研究和社会文化趋势研究的方法，熟练掌握设计趋势的研究方法。

▶ 重点：

　　社会文化研究、设计趋势研究。

▶ 难点：

　　跨文化比较法、族群观察法、相机日志法、社会文化趋势拼图、设计趋势拼图。

　　对于设计师而言，仅仅研究市场现状是远远不够的，无论是市场细分、产品定位还是竞争对手研究都必须具有前瞻性，不能局限于当下。早期的市场研究、设计研究往往以事后研究为主，也就是在产品上市之后，根据产品的市场反应和用户反应，通过调查来获得对产品的评价。这样的调查往往会比较准确，但严格来说，这仅仅是对结果的分析和验证。事后研究有助于下一代产品的改良或开发设计，但是改变不了已有产品的命运。市场是残酷的，前文已经提到，美国市场的新产品有80%～90%会以失败告终，一些实力不强的小企业或者投入过多的大企业，很可能在一次新产品开发失败后就宣布破产。因此，国内大多数中小企业宁愿保守一些，做市场的追随者，也不愿意做市场的开拓者。

市场追随者避开了新产品开发与设计的投入风险，用相对较低的成本加入市场竞争，在特定的时期确实可以取得较满意的收益。但是随着竞争者的增加，产品生命周期的缩短，流行趋势的变更，缺乏自主的知识产权和核心技术会使潜在的风险逐渐暴露出来。

追随者的成长是速成的，同时也是畸形的，如果不重视产品创新，不能够从成本优势型成长为设计优势、技术优势型，那企业的发展也将停滞不前，永远不可能成为行业的领导者。成本优势是难以长期维持的。中国的制造业迅速崛起很大程度上是依赖着低廉的人力成本，依靠仿制或贴牌生产（original equipment manufacturer）来获取利益。但随着社会的发展，人力成本逐步提高，加工型企业的竞争力逐步减弱，而国内知识产权保护力度加大也使很多靠仿制为生的生产者难以维系。转型升级成了这些企业的当务之急，国家、地方政府也纷纷出台优惠政策，成立专项资金帮助企业转型升级。企业往往会较早认识到核心技术的重要性，将转型的重心放在技术改造上，但对设计的认识仍然停留在针对具体产品的外观设计层次，仅仅要求设计师完成新产品的设计任务，并未意识到设计研究尤其是趋势研究的重要性，这导致设计出的产品往往跟不上市场的步伐，更不可能引领市场。

趋势研究可以使设计师的设计嗅觉更加灵敏。一般认为，产品的设计趋势研究源于美国通用汽车公司的设计师哈雷·厄尔（Harley J. Earl）和总裁斯隆创造的"有计划的废止制度"（planned obsolescence），即在设计新的汽车式样时，有计划地考虑设计的变更，使汽车式样两年一小变，三到四年一大变。"有计划的废止制度"通过定期的式样改变影响消费心理，使消费者觉得原有的汽车已经陈旧，跟不上潮流，从而购买新车。"有计划的废止制度"如同厄尔设想的一样，有效地促进了通用汽车的销售。在这之后，研究设计趋势、设立新的流行标杆成为各大车厂汽车设计师的重要任务，并逐步延伸到其他产品领域。现在设计趋势研究已经成为众多知名企业设计部门的长期项目。由于设计趋势受社会文化的影响较大，不少企业与世界各地的研究机构展开合作，对区域市场进行探索，从而获得了更准确的趋势情报。

如今，设计趋势的研究内容已经不仅仅局限于产品的造型、材质和色彩，设计师更关注设计趋势背后的推动力量——社会文化趋势。

第一节　社会文化趋势研究

产品不是孤立地存在的，总是在一定环境下被消费者使用、并传达着自身对消费者的意义。产品的使用和意义受到社会文化环境的影响和制约（图6-1）。

第一节 社会文化趋势研究

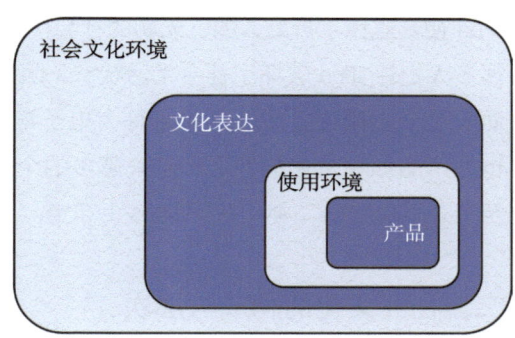

▶ 图6-1 产品与社会文化

一、文化与产品

文化是知识、信念、艺术、法律、伦理、风俗和其他由一个社会的大多数成员所共有的习惯、能力的复合体。文化是一片"透镜",消费者通过这片透镜来看待产品、选择产品。文化对消费者行为的影响是深刻和潜移默化的,以至于消费者难以意识到文化对自身的影响,这就如同活在空气中的人们意识不到空气存在,水里的鱼儿意识不到水的存在一样。人们通常是与同一文化下的其他成员一样行动、思考、感受,这样一种状态似乎是天经地义的。然而,当人们进入不同民族、不同国家的文化环境时,会遭遇饮食、观念、习惯等方面的巨大变化,会遭受"文化的冲击"。

文化影响着产品。在中国、日本等以米饭作为主食的市场上有各式各样的电饭煲供人挑选,而在欧洲,连最简单的电饭煲也很难买到,很多出国留学的学生不得不自带电饭煲。苹果公司 iPod 销量过亿,全球每 65 人中就有 1 人在使用 iPod。但 iPod 在中国的销量却不尽如人意,一方面受大量低价 Mp3 产品的围攻和消费者购买力的限制,另一方面也和人们的观念差异有关。中国消费者总是对 iPod 必须通过 iTunes 输入 Mp3 耿耿于怀,觉得这不方便。这是因为中国消费者的 Mp3 音乐通常来自网络下载,消费者并未意识到部分 Mp3 的版权问题,很多免费下载其实是非法的。而 iTunes 网上音乐商店的价格对于美国人来说相当便宜——每首歌 99 美分。人们不再需要费力地从网络搜寻并偷偷下载歌曲,这种下载对美国人而言往往有一定的负罪感,而下载的音乐质量也很难得到保证。便宜、方便、高质量、有版权的音乐下载受到了消费者的拥护。至今为止,iTunes 网上音乐商店已经销售出超过 10 亿首歌曲,苹果公司和唱片公司获得了双赢。中国消费者并不能直接通过 iTunes 网上商店来下载 Mp3,99 美分一首歌的价格对中国消费者而言也难以接受。因此 iPod 的最重要伴侣 iTunes 对中国消费者来说只是个麻烦。很多中国消费者购买 iPod 只是因为喜欢它的设计,只是因为它够时尚。

产品同样也影响着文化。索尼的随身听 Walkman 曾经影响着一代人,开创了一个可以随时随地享受音乐的时代。iPod 被称为 21 世纪的随身听,iPod 的拥护者认为

iPod 使其避免了折磨人的、无聊的社会接触，开心地听着自己最心爱的音乐。但也有很多人批评 iPod 破坏了社会生活状态，阻碍了人和人之间的交流，促进了自我沉沦，助长了个人孤立主义，把 iPod 称为电子毒品。由 iPod 诞生的词语：Podcast——播客也是产品影响文化的例证。越来越多的个人网络电台分享着个人的音乐和视频，甚至有几百位牧师、神父在 iTunes 上布道。

二、社会文化的构成与层次

社会文化是社会成员习得的价值观、信念和规范的总和。价值观是社会成员评价人、事、物以及对目标作出选择的准则，一般分为三类：他人导向价值观、环境导向价值观和自我导向价值观。他人导向价值观反映社会对个体之间、个体与群体之间以及群体之间适当关系的看法，环境导向价值观是对社会、经济、技术和环境之间关系的看法，自我导向价值观反映的是社会成员的理想生活目标及其实现途径。各类型价值观所包含的主要因素以及关键词如表 6-1 所示。信念指知识、神话传说、宗教信仰等大部分社会成员共同相信的认识。规范规定社会成员什么可以做和什么不可以做。规范可以分为风俗、社会习俗和法定规范。风俗包括服装、饮食、仪式、礼节、惯例等，社会习俗包括男耕女织、尊老爱幼、伦理等社会道德的具体表现，而法定规范则是明确而正式的规范如"红灯停、绿灯行"等。

表6-1 价值观因素及关键词

他人导向的价值观	环境导向的价值观	自我导向的价值观
个人与集体 个人主义、集体主义、联系、顺从、自由	**清洁** 卫生、环境保护、健康	**主动与被动** 主动、积极、锻炼、消极、被动
年轻与年长 地位、重视、尊敬、溺爱	**成就与身份** 成就、身份、权力、地位、阶层、归属	**欲望与节制** 放纵、克制、保守、沉溺、虚幻
家庭 权利、义务、赡养	**传统与变化** 传统、尊重、沿袭、维护、打破、进步	**工作与休闲** 休闲、效率、勤奋、放松、享受
男性与女性 性别、平等、歧视、支配	**风险与安全** 安全、冒险、逃避、承担	**现在与未来** 居安思危、储备、及时行乐、预支
竞争与合作 竞争、优胜劣汰、协作、超越	**乐观与悲观** 悲观、宿命、抱怨、乐观、克服、宽慰	**物质与非物质** 拥有、实用、精神、财富、收藏
	自然 自然、征服、改造、天人合一、和谐	**幽默与严肃** 幽默、严肃、接受

社会文化一般可以分为两个层次：主文化和亚文化（sub-culture）。主文化是全体社会成员所共有的文化，而亚文化是主文化的一部分，亚文化群体成员共有独特的价值观、信念和生活习惯，并受主文化制约。亚文化可以分为民族亚文化、宗教亚文化、地理亚文化、性别亚文化、年龄亚文化等。中国有 56 个民族，各民族的

第一节 社会文化趋势研究

宗教信仰和生活习惯、禁忌都有独特之处;不同的宗教群体如道教、佛教、伊斯兰教、基督教、天主教等也有各自的信仰和禁忌;北方人喜欢面食,年三十要包饺子,而南方人则偏爱米饭;男性喜欢战争片,女性喜欢爱情剧;"70后"喜欢校园民谣而"90后"热爱嘻哈音乐。这些都是亚文化特征的表现。

三、社会文化研究

设计师进行社会文化研究的常用方法有:跨文化比较法、族群观察法、相机日志法等。这些方法大多源于社会人类学。

跨文化比较法是指将不同文化(亚文化)下的个人或者文献资料、图片放在一起进行比较,从而揭示文化差异及其产生的行为、产品的差异。在针对不熟悉的市场或全球市场设计时,这有助于设计师理解项目相关的不同文化要素和含义(图6-2)。

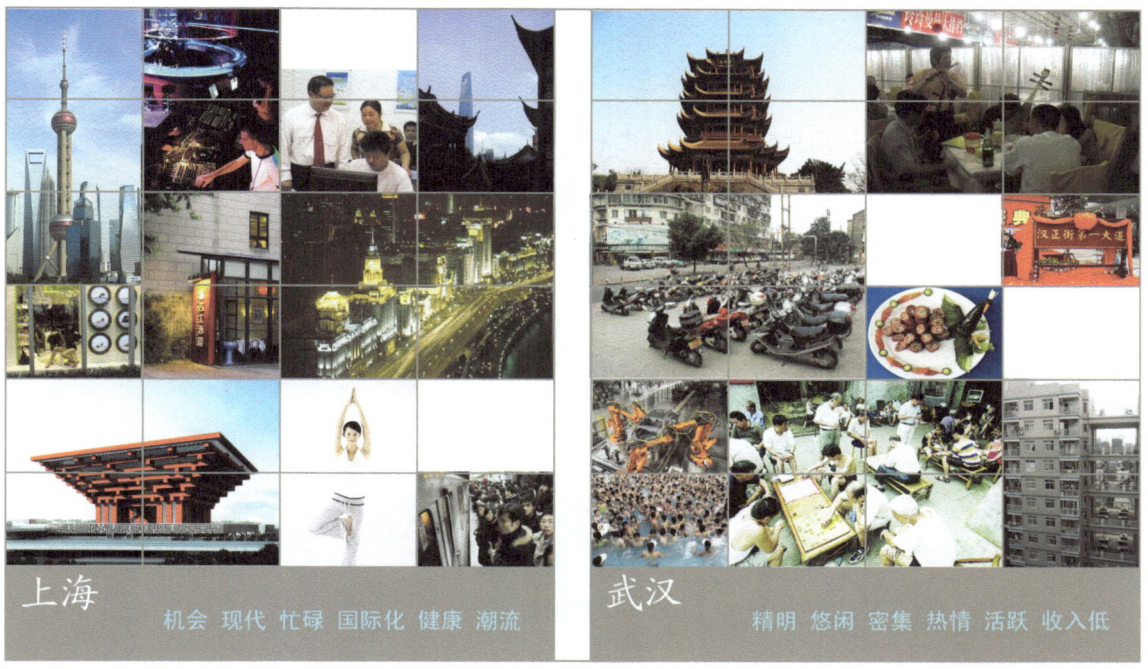

▲ 图6-2 跨文化比较

族群观察法又称"民族志"(ethnography)法,设计师应融入文化(亚文化)群体,花时间与其相处,获取他们的信任,了解他们的栖居习俗,观察并记录其特有的活动。这有助于获得对不同文化(亚文化)下习惯、仪式、表达以及相关活动、相关用品意义的直接深入的理解(图6-3)。

▲ 图 6-3 族群观察法

相机日志法指用拍摄图片或视频的方式来记录个人的生活，重点记录与产品相关的环境和活动。设计师在进行族群观察时，可使用相机日志来完成记录，也可以聘请不同文化（亚文化）的联系人，与他们合作，要求他们完成相机日志，贡献出个人生活的视觉记录（图 6-4）。

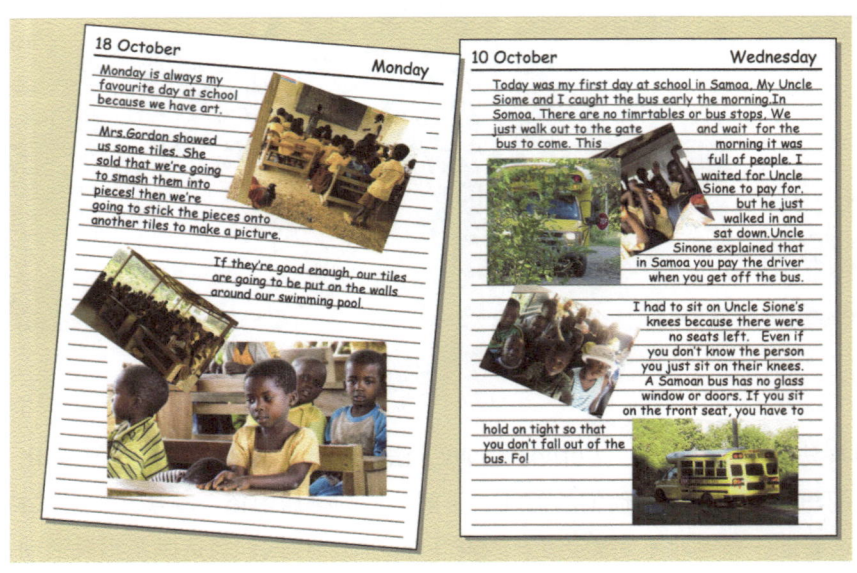

◀ 图 6-4 相机日志法

四、社会文化趋势研究方法

设计师不仅需要研究社会文化,还应该把握社会文化趋势。设计师需要在社会范围内对艺术、服装、室内、建筑、汽车、产品、电影、传媒、新媒体、音乐和食品等领域的发展进行追踪研究。这些领域都是社会文化的重要组成部分,这些领域的变化影响着产品在未来的视觉和行为导向。通过研究社会文化趋势可以探索、预测消费者审美、观念在未来两到三年内最主要的变化,Philips Design称这种方式为"文化扫描"(culture scan)。Philips Design 在 2004 年的"文化扫描"研究中确立了 10 项主要的社会文化趋势,并在实际项目中运用了这些趋势作为出发点和参照(图 6-5)。Philips Design认为在这 10 项社会文化趋势中,"社群"、"虚拟"和"根源"对中国的影响将最为明显。

community
社群
私人的真实或虚拟的社群

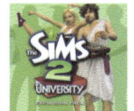
virtuality
虚拟
沉迷于亦幻亦真的虚拟世界

sustain
可持续
找出令社会和个人可持续发展的方式

focus
聚焦
深层次研究,解构和重新诠释

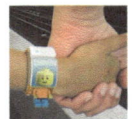
protection
保护
对健康、社会保险、社会安全等问题的关注

standards
标准
探索当前和传统的标准

roots
根源
回顾传统和历史

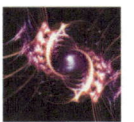
fantasy
幻想
从集体体验到情感的个人体验

convenience
便利
方便消费者使用产品

Ideal blend
观念的混合
混合成新的个性化的风格

▲ 图 6-5　Philips Design 确立的 10 项社会文化趋势(2004 年)

设计师在研究社会文化趋势时,需要保持灵敏的设计嗅觉,关注服装、室内、建筑、产品、新媒体、音乐和食品等社会文化领域最热点的事件和最前卫(cutting edge)的设计。将收集的资料以拼图方式展示,并深入分析,提取关键词。图 6-6 是学生制作的社会文化趋势拼图。

▲ 图 6-6　社会文化趋势拼图

第二节　设计趋势研究

　　设计趋势也称为流行趋势。流行是一种普遍的社会心理现象，指社会文化中新兴事物、观念、行为方式等被部分人接受、采用，进而迅速推广至大众，直到最后消失的全过程。而流行趋势则是对流行产品（服装、建筑、室内、平面、媒体等）各设计元素（造型、色彩、材质、表面处理等）的预测。

一、流行生命周期

　　流行的生命周期和产品的生命周期非常相似，分为引入阶段、接受阶段和衰退阶段，如图 6-7 所示。在引入阶段，流行元素被少数"革新者"关注，通过革新者的传播，流行元素受到媒体瞩目。

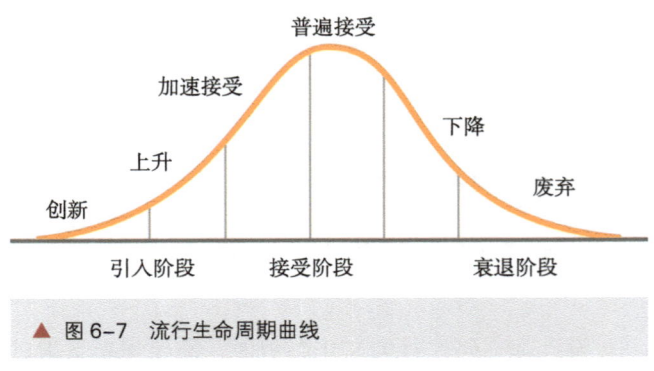

▲ 图 6-7　流行生命周期曲线

在接受阶段，消费者受到媒体直接、间接的大量宣传和所属群体的影响，迅速接受了该流行元素，并达到了社会饱和。而到了衰退阶段，人们逐渐厌倦，最终认定其"过时"。

二、设计趋势研究方法

社会文化趋势影响设计趋势。设计师可以从社会文化趋势中寻找设计灵感从而创造流行。以服装为例,2009年春夏两季服装秀场上一片柔软干净,没有绚烂的图案,也没有繁复的剪裁。质朴、简约、实用的风格映射了经济危机影响下泡沫破灭,繁华落尽见真淳的气象。不仅服装式样,连流行色也受到经济危机影响,日本流行色协会预测2009年时装的流行色将以"绿色和蓝色"为主,帮助人振作精神,平静沉着地应对危机。而产品中上网笔记本的流行,也体现了危机下消费者实用至上的理性需求。

如果社会文化趋势很明朗,那么,有经验的设计师较容易从中把握住设计趋势,但现实往往没有那么简单。设计师常常在研究社会文化趋势时由于信息混杂而难以提炼出与产品相关的要素;社会文化趋势中也没有直接可用的设计元素,设计师需要凭借自己的专业知识和经验,将趋势转化为产品的可视形式并为大众所接受。真正要创造并引导流行是非常困难的,除了要求设计师能顺应社会文化趋势设计出让人过目不忘的产品外,还需要环境、推广等因素的配合。因此,很多设计师、设计团队在注重社会文化趋势研究,希望创造流行的同时也不得不采取保守一些的方式来紧跟流行。

从流行生命周期图可以看出,在流行的引入阶段,接受的人并不多,如果设计师在引入阶段的初期就能敏感地预测到该设计元素符合社会文化趋势,将会为大众所接受,那么,设计师可以在自己的设计中巧妙地应用该设计元素并迅速推向市场。这样,虽然该流行元素并非原创,但是产品仍然可以在流行接受阶段赢得大众喜爱,获得商业利益。由于产品流行的生命周期相对服装而言较长,捕捉并紧跟流行就显得更有实际意义。当然,捕捉流行的时机非常重要,因为产品从设计到推向市场需要一定的时间,如果不能在引入阶段就把握住流行趋势,而是在接受阶段才发现,那么,当产品出现在市场的时候,很可能该设计元素早已过时。

流行元素在视觉设计领域是相互影响的,因此,设计师在捕捉流行时,不能仅仅局限在自己的专业范畴,而应该多关注相关领域。以Nokia 7500手机为例,其灵感来源于建筑表面和结构的几何图案(图6-8)。

设计师在研究设计趋势时,需要收集设计相关领域最新发布的前沿产品(不是那些人们熟悉的经典产品),通过对设计元素(形态、色彩、材质、表面处理等)的分析归纳,获得

▲ 图6-8 Nokia7500 灵感来源

对审美、视觉方面流行趋势的总体印象。设计师可以从收集的资料中选出新现的典型的设计元素，制作拼图，将特征归纳为关键词并加以描述，对特别突出的设计还应有单独的分析。在收集各领域的前沿产品时，要特别注意那些具有高影响力的公司（设计师）发布的设计（如苹果公司的新品发布或米兰设计周的设计等），并及时研究。

制作设计趋势拼图时，设计师需要选择不同的分类。可以按设计类别如服饰、建筑家居、家具、交通工具、消费电子、平面设计等来分类（图6-9），也可以按设计元素如造型、细节、色彩、材质、纹理、标志等来分类（图6-10），还可以按关键词来分类：先从资料图片中提取关键词，然后将关键词分组归类，近似的或者同一方向归为一类并加以概括（图6-11）。总的原则是分类需要贴近所设计的产品。

▲ 图6-9　按设计类别区分的设计趋势拼图

第二节 设计趋势研究

▲ 图 6-10 按设计元素区分的设计趋势拼图

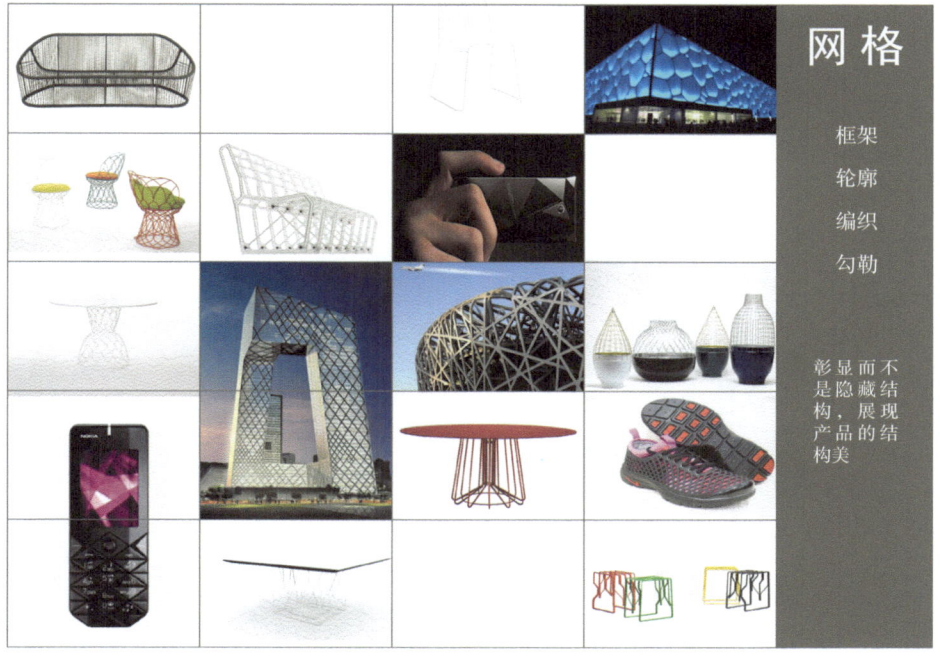

▲ 图 6-11 按关键词区分的设计趋势拼图

练习题

△ 主题：社会文化趋势和设计趋势。

△ 适用年级：工业设计专业本科二年级以上，建议分组进行。

△ 规格要求：（1）关注我国社会文化领域的热点事件和传播较广、具有较强影响力或争议性的艺术、设计。将收集的资料以拼图方式展示，并深入分析，用一系列关键词来概括其明显或潜在的共性特征。（2）关注视觉领域（建筑、环境、服装、产品、平面、家具等）中最新出现的前沿设计，参考图 6-11，按关键词类别进行整理，制作若干张设计趋势拼图。

△ 参考时间：165 分钟（分工后人均 120 分钟收集整理制作，45 分钟组织课堂讨论）。

△ 分析：无论是社会文化趋势拼图还是设计趋势拼图，在制作时都应注意时效性，务必选取最新的资料信息，而不是那些人们熟悉已久的经典产品，杂志是很好的最新资料来源。提取关键词时不能过大过泛，关键词应该具体一些，不应出现"现代"、"时尚"、"经典"这类词语。如觉得关键词的表达会有歧义，附上对关键词的解释或者对产品关键特性的描述是必要的。按关键词类别整理图片有一个关键词提取、归类、概括的过程，比其他两种分类方式更具有练习价值。

易学易用的用户研究方法

当1991年IDEO开始在各个设计开发项目小组中导入"用户研究"时，很多资深的设计师并不以为然，"这差事真不错，我们在电脑面前连续几天做CAD，他们跑出去拍上几张照片或一两段录像，回头再放给我们看看就行了"！当时不少人这么认为。但在之后的设计实践中，IDEO的用户研究人员通过现场调查、角色建模和可用性分析等用户研究方法不断地为设计团队挖掘出了大量真实用户的潜在需求，提供了可靠的设计参照系统及各种定量定性分析支持，从而赢得了工程师、设计师的认同与尊重，并成为IDEO设计创新的主要原动力之一。

近几年来，"用户研究"已成为设计圈和产业界的热门词汇，国外IBM、NOKIA、微软、苹果、GOOGLE、宝马、SONY，国内的华为、中兴、联想、腾讯、阿里巴巴等领军企业都建立了自己的用户研究团队，并已充分显现其价值。"用户研究"并不是一时的潮流，通过对本书用户研究方法的学习，作为产业界预备队的设计系学生，一定能从各个理论与案例相结合的章节中，体会出"用户研究"在未来设计创新中的作用与威力。

用户研究方法部分由四章组成，第七章主要概述了用户研究的意义、对象和原则及用户研究的基本方法，包括定性研究、定量研究、直接调查和间接调查等。第八、第九、第十章介绍了现场调查、角色构建和可用性测试三种常用的用户研究方法，重点在于帮助初次接触此类研究的学生能迅速理解并掌握用户研究的一般方法、流程及一些简单的策略与技巧。

第七章
用户研究概述

▶ 学习目的与要求：
　　本章主要讲述用户研究的相关知识，要求学生理解用户研究的一般概念，熟悉用户研究领域的一些专用名词，建立起用户研究的初级理论框架。

▶ 重点：
　　用户研究的意义，研究原则，定量与定性研究，直接调查与间接调查。

▶ 难点：
　　定量与定性研究的区别。

第一节　用户研究的意义、对象和原则

一、用户研究的意义

对于大多数工业设计专业的学生而言，用户研究是个相当陌生的词汇。在现行大多数工业设计专业课程体系中，并没有设置专门的用户研究课程，学生仅能从"设计心理学"和"人机工程学"的部分内容中略窥一斑。

但是，近几年来"用户研究"却已成为设计圈和产业界的热门词汇，各个领域内的领军企业都越来越重视用户研究，并且在设计招聘中也越来越重视设计师是否具备一定的用户研究能力。

为什么会出现这种情况？首先是受产品数字化趋势的影响，人们发现技术与生活之间的鸿沟正在日益扩大，新技术转化为产品的速度已远远超过了我们日常生活的节奏。未被精心设计的技术不断渗透到我们生活的方方面面，从难用的手机到复杂的家庭数字娱乐中心，所有这些产品越来越"黑箱化"，越来越缺乏透明度。它们往往不是按照我们的意愿办事，而是严格按照它们自己的工作模式运行。设计这些产品的设计师、技术专家和工程师往往不了解用户工作、生活、学习和娱乐的习惯，这些不了解用户的技术产品让我们在和产品互动时感到尴尬和困惑，缺少优雅与愉悦。所以难怪著名的心理学专家唐纳德·诺曼大声疾呼："这不是用户的错，都是设计师的错！"

其次，在传统经济时代，设计只专注于产品本身，生产者关注最多的是产品功能是否强大、外观是否美观、价格是否有明显优势。但随着新经济时代的到来，人们在追求功能和价格的同时，开始关注产品所提供的情感体验，所谓"体验经济"正是由此而来。在体验经济中，消费者消费的不仅是实实在在的商品，更是一种"感觉"，一种情绪，一种体力上、智力上甚至是精神上的体验，而产品成为唤起人们体验、经历的"道具"。这就要求工业设计师将设计的注意力由产品功能、形态、材质等要素扩展到产品的用户体验、产品与用户的互动、产品对用户生活形态的影响等方面。

所以，用户研究的深度和质量，直接关系到产品设计的成败。

二、用户研究的对象

要做用户研究，首先要知道谁是用户？

世界上最早的图形用户界面 STAR 的设计者之一 David Liddle 将由技术推动的数字化产品的用户划分为三个阶段：狂热爱好者阶段（enthusiast stage）、专业用户阶段（professional stage）和普及消费阶段（consumer stage）（图 7-1）。一般而言，一项技术刚刚转化为产品时，使用它的都是非常喜欢这项技术的人，狂热爱好者们不在乎操作技术的难易，他们往往是科学家、工程师，有着深厚的技术基础，他们往往醉心于技术本身。而在专业用户阶段，使用这些技术产品的人，大多数都是技术员，他们在潜意识中并不希望技术太容易被掌握，只有这样才能凸显他们的专业地位，提升他们的价值。所以上面两个阶段的用户都不在乎数字化产品的可用性和易用性。最后一个阶段的就是所谓的普及消费了，而一般一项技术发展到这个阶段往往也是大规模商品化的阶段，作为普通用户，使用者对于技术本身并不感兴趣，他们关心的是技术的载体——"产品"能给他们带来什么？人们一般不太愿意花时间去学习如何使用技术产品，同时人们也讨厌被技术"作弄"。所以了解他们对产品的认知、使用方式、日常生活习惯和使用环境等对于设计的成功就尤为重要。随着越来越多的高科技产品进入一般消费者家庭,设计师必须明确这些缺乏相应专业技术背景的普通人才是主要用户。

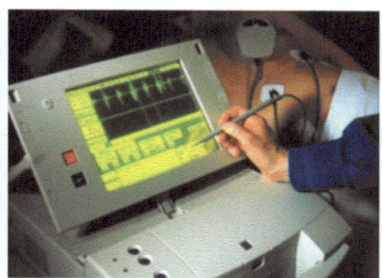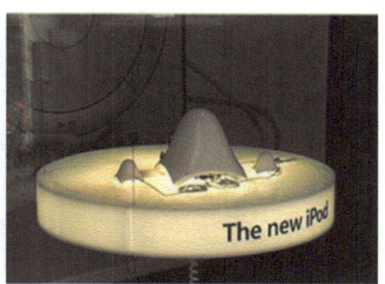

狂热爱好者阶段　　>>>　　专业用户阶段　　>>>　　普及消费阶段
（enthusiast stage）　　　　（professional stage）　　　　（consumer stage）

▲ 图 7-1　David Liddle 所划分的三个阶段

三、用户研究的原则

1．设计师不是用户

我们时常遇到这样的情况,产品设计师往往会以自己的意愿来代表用户的需求。原因是"我们都是人类,我们都在使用这个产品","我发现的问题一定是别人也有的问题"……很多设计师如是说。正因为设计师也有自己的生活体验和对产品的使用经历,所以很多设计师通常过分相信自己的感觉。实际上设计师在很多方面与用户是不同的,他们往往有一定的技术背景,并受过专业的审美训练。同时,由于设计的需要,他们对所设计产品的构造以及机构的运行原理了然于胸。

所以在做用户研究时,设计师必须认清:"设计师不是用户。"但是真要忽视自己脑海中已经存在的认知和行为模式而使用另一个人(用户)的认知和行为模式是十分困难的,必须对用户有足够的了解。

2．用户不是设计师

我们强调要尊重用户,但是不能走向另外一个极端,不能将用户当作设计师。在设计中,用户是一个群组概念而不是某一具体的对象。在设计开发中,由于不可能接触到所有用户,当设计团队没有足够的数据样本来明确自己的设计策略时,很容易过分"尊重"某些用户,唯被接触的用户意见是从,那结果一样是灾难性的。设计师务必通过深入观察、测试,分辨用户反馈问题的共性和个性,理智地分析、验证用户的意见。

第二节　用户研究的基本方法

一、定性研究与定量研究

定性研究与定量研究是常见于科学研究中的两种基本研究思路。

定量研究是建立在数字、逻辑推理和客观数据上的调研方法，一般是为了得出特定研究对象的总体统计结果。在定量研究中，信息往往以统计数字来表示。在对这些数字进行处理、分析时，首先要明确这些信息的样本来源、采样率、测定和加工方式等。

定性研究处理的是主观的材料与概念，具有探索性、诊断性和预测性等特点。从表7-1两种研究方式简单的对比示例中可以看出：定性研究并不追求精确的结论，目的只是了解问题之所在，摸清情况，得出感性认识。定性研究常常用于制定假设或是确定研究中应包含的变量。本书第八章介绍的各种现场调查方法都属于定性研究方法。

表7-1　定量研究与定性研究的对比示例

定量研究	定性研究
这个班有30位同学	这个班人数很多
这个班80%的同学每天进行晚自修	这个班的学生很用功
学校的毕业生就业率是97%	这个学校毕业生基本都能找到工作
这个学校占地4 000亩	这个学校很大
他身高1.8米，体重90公斤	他很魁梧

研究专家从不同角度对定量研究与定性研究进行了详细的区分，这有助于更好地理解这一对概念（表7-2）。

表7-2　定量研究与定性研究的区别[①]

	定量研究	定性研究
研究目的	证实普遍情况，预测寻求共识	解释性理解，寻求复杂性，提出新问题
对知识的定义	情境无涉	由社会文化所建构
价值与事实	分离	密不可分
研究内容	事实、原因、影响、凝固的事物、变量	故事、事件、过程、意义、整体探究
研究层面	宏观	微观
研究问题	事先确定	在过程中产生
研究设计	结构性的、事先确定的、比较具体	灵活的、演变的、比较宽泛
研究手段	数字、计算、统计分析	语言、图像、描述分析
研究工具	量表、统计软件、问卷、计算机	研究者本人（身份、前设）、录音机
抽样方法	随机抽样、样本较大	目的性抽样、样本较小
研究的情境	控制性、暂时性、抽象	自然性、整体性、具体

① 陈向明. 质的研究方法与社会科学研究. 北京：教育科学出版社，2000：11.

续表

	定量研究	定性研究
资料收集方法	封闭式问卷、统计表、实验、结构性观察	开放式访谈、参与观察、实物分析
资料的特点	量化的资料，可操作性的变量，统计数据	描述性资料，实地笔记，当事人引言等
分析框架	事先设定，加以验证	逐步形成
分析方式	演绎法，量化分析，收集资料之后	归纳法，寻找概念和主题，贯穿全过程

二、直接调查与间接调查

在具体的用户调研活动中，也可以采用两种相互补充的调查方式。一种是直接调查，即为了自身需要进行的有针对性的个别、具体的调研。一种是在已完成的不同项目的调研结果或者公开出版、发布的资料中获得数据、样本进行研究，抽取所需要的资料，被称为间接调查。举例来说，我们要开发一款给中学生使用的电脑，如采用直接调查可以成立一个专题小组，通过观察研究、访谈、测试等方式，对初中或高中生进行调研。而若采用间接调查方法则可以通过搜索关于该人群的研究报告、阅读这个年龄段学生的日常读物、观看纪实影像等方式来进行。

练习题

- ▷ 主题：用户研究读书笔记。
- ▷ 适用年级：工业设计专业本科二年级及以上，个人独立完成。
- ▷ 规格要求：①作为课程预习，阅读参考文献中用户研究的相关内容，如《创新的艺术》第三章、《About Face 3 交互设计精髓》第一篇等，撰写500字左右的读书笔记。②在课堂上进行交流，发表自己对于用户研究的意见和看法。

第八章
现场调查方法

▶ 学习目的与要求：
　　本章主要介绍了几种常用的现场调查方法，包括纯观察法、深入调查法、情境调查法和流程分析法。要求学生理解现场调查的基本概念和手段，初步掌握上述几种现场调查方法并能运用到实际设计案例中去。

▶ 重点：
　　现场调查法概念、理解几种现场调查法的特点。

▶ 难点：
　　纯观察法、深入调查法、情境调查法、流程分析法。

第一节　什么是现场调查方法

现场调查是来源于人类学（anthropology）的一种研究方法，它通过实地收集的信息描述某个特定群体的习惯、想法和行为。在人类学研究中"现场调查"也被称作民族志（ethnography），在工业设计实践中，一般指深入用户环境收集资料与数据并进行研究的方法（图8-1、图8-2）。

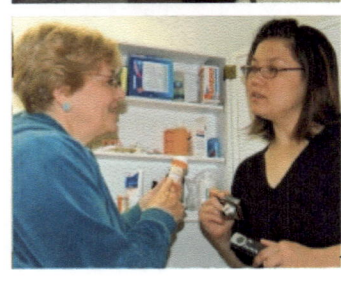

◀◀ 图 8-1　国外现场调查场景
◀　 图 8-2　现场调查研究员

　　近些年,"现场调查"方法在新兴电子产品研发中收效显著,日渐为很多专业设计咨询公司所重视。作为一种定性的研究方法,现场调查凭借其实用性和有效性被大量运用到日常的设计研发工作中去。

　　典型的现场调查方法通过现场访谈、观察用户、实物收集及体验用户来收集需要的资料。这些资料经过汇总以后一般会以研究报告的形式展现,报告应以描述为主,图表、流程图、实物和录像亦有助于生动地加强描述的效果。

　　现场调查的目的是了解用户在日常环境下的自然行为,在产品开发初期尤其重要。设计师通过观察用户在真实环境下的行为,有助于发现新的需求或产品的机会点,并可以为以后的"角色构建"提供真实、可靠的基础信息。相比偏重于定量的问卷调查,现场调查可以帮助设计师深入理解用户,完善对用户的定性分析。我们目前常见的一些现场调查方法主要有:纯观察法、深入调查法、情境调查法、流程分析法等。

第二节　纯观察法

　　纯观察法一般在不方便与用户交流或者不希望打扰受访者的情况下使用,例如针对医院外科手术的需求研究。IDEO 在设计器官移植周转箱时,设计师们就特地在医院手术室外隔着玻璃观察外科医生处理移植器官的全过程以了解这种特殊场合的种种细节(图 8-3a)。在纯观察法中,调查者在不干涉人们活动的前提下,观察和记录人们在真实的环境和特定时间范围内实际的所作所为,从而掌握直接而翔实的信息,而不是接受他们事后的描述。在纯观察法中,用户有时并不知道他们的行为举止被观察。例如,在研究 ATM 自动取款机时,调查者会静静地坐在一个合适观察的地方，记录有多少人使用，使用时间长短等（图 8-3b）。

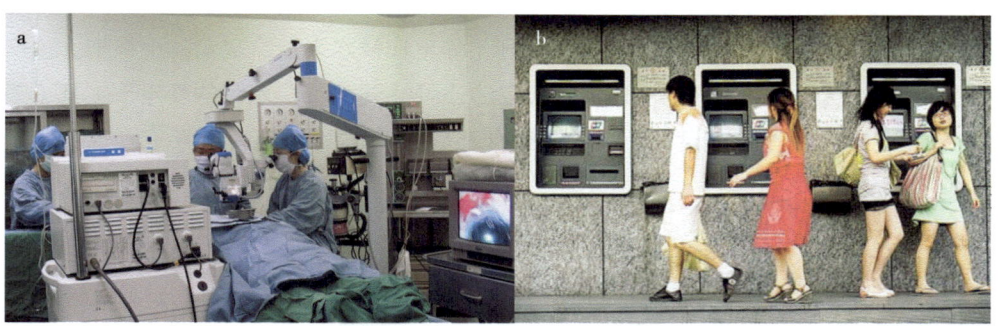

▲ 图 8-3　在与用户交流不便的场景下纯观察法是调查者的首选

观察用户是 IDEO 设计公司每一个设计项目的起点，在为专业自行车公司设计水壶时，设计团队观察了自行车选手和普通骑车锻炼者对水壶的使用情况，发现了两个问题并最后转化为设计点。第一，当车手们在奋力骑行中要把水壶放回水壶架子上时，由于他们的眼睛一直需要盯着前方的路面，因而无暇顾及到水壶的放置，这个情形和接力赛跑选手交接接力棒有些类似。受此发现启发，设计师们设计出一种底部为锥形的水壶，并添加了一圈增加摩擦力的橡皮环。这样设计的好处是：第一，在赛车手们无暇顾及水平放置时，锥形的底可以帮助他们定位瓶架位置，轻松地放置水壶；第二，橡皮环能够便于车手握持。设计者们注意到的第二个问题是：自行车选手在喝水时只能使用一只手操作，喝水前得先用牙齿拔开出水口，而出水口因为比赛道路的原因往往占有灰尘和泥沙，有碍直接饮用。设计师这次的灵感来源于自然界，他们找到了造化者最巧妙的设计——三尖形心脏瓣膜——三片三角形的组织控制着心脏瓣膜的开合。设计师们使用橡胶片来封住软质水壶瓶口，橡胶片中心切有 X 状开口，车手喝水时只需拿起瓶子挤压一下，水就会快速喷出，当停止挤压时，隔片会自动再度密合，把一切灰尘隔绝在外，既防止瓶水外溢，又保证了饮水的便捷和清洁，嘴巴再也不需要碰到可能脏兮兮的瓶口（图 8-4）。

▶ 图 8-4　通过纯观察法设计出的运动壶嘴

纯观察法的技巧其实很简单，包括追踪使用者、用相机写日志、记录下发现的问题等。但是优秀的设计师往往能从中挖掘出巨大的商业机会。1999 年美国 Design

Continuum 设计公司在为宝洁公司设计居室清洁用品过程中，设计团队通过现场观察发现普通湿拖把在擦掉污垢后，脏水会经由拖把重新回到地板上。据此，设计师和宝洁公司的技术人员合作开发了一种利用静电代替水来清除灰尘的干拖把。该产品一问世就立刻受到用户的欢迎，今天宝洁公司"Swiffer"系列的静电干拖把（图8-5）已占美国擦拭类扫除用品市场份额的 75%，每年的营业额达到 75 亿美金。

◀ 图 8-5　宝洁公司的"Swiffer"系列静电干拖把

第三节　深入调查法

深入调查法，是一种半参与式的人类学调查方法，与纯观察法相比，深入调查法所考察的对象一般更为具体，强调对个体的深入观察，并收集尽可能详尽的个人资料。深入调查法通过实地研究所获取的资料，以定性研究为主，帮助设计团队了解用户的行为、生活方式、社会需求、动机及兴趣等与所设计产品之间的内在联系。为了更全面地收集资料，深入调查中可以将以下几方面作为关键考察点：

（1）个人：包括基本信息（年龄、性别、职业）、穿着打扮、行为举止和随身物品（带什么东西出门，分别用来做什么，这些东西可能的情感意义）等。

（2）家庭：如家庭成员（有多少人，成员之间如何交流，成员之间互相的期望等）、居住环境（地理位置、装饰风格、家居及陈设、有特殊意义的物品）等。

（3）饮食：如食物的种类、菜系、饮食的时间和地点等。

（4）出行：如使用的交通工具、常去的地点、假想的旅游目的地等。

（5）通信：如使用的通信设备、使用方法、使用频率、某些特殊的关注等。

在深入调查时，对上述的关键因素进行考察有助于高效地展开工作。在具体使用时，由于用户环境可能大相径庭，设计团队成员应根据情况做相应的调整，可以在不同的方面各有侧重。

IDEO 方法卡片中就包括了几个操作性很强的深入调查方法：

1．个人清单（personal inventory）（图 8-6）

其做法是：邀请用户将自认为重要的东西编成一览表，以此作为他们生活风格的证物。IDEO 的设计师们发现这既有助于展现人们的活动、感知和价值，也有助于揭示他们的行为模式。在设计一个手持电子设备的项目中，IDEO 团队要求人们展示并描述他们每天操作和面对的个人物品。

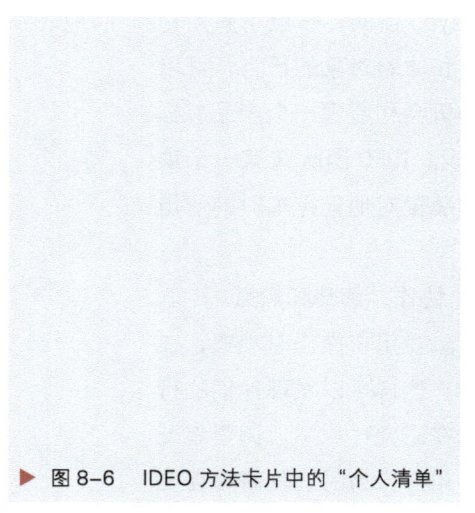  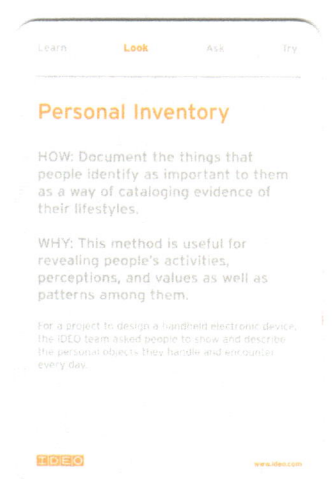

▶ 图 8-6　IDEO 方法卡片中的"个人清单"

2．行为考古学（behavioral archaeology）（图 8-7）

寻找人们在布置、穿着样式和安排空间、物品时固有行为的证据。这揭示了人们生活中的物品和环境是怎样彰显他们的生活风格、习惯、优先权和价值的。在发现人们采用在桌面上到处堆叠文件的方式来有效地安排多重工作任务之后，IDEO 发明了一种全新的系统家具元件来协助。

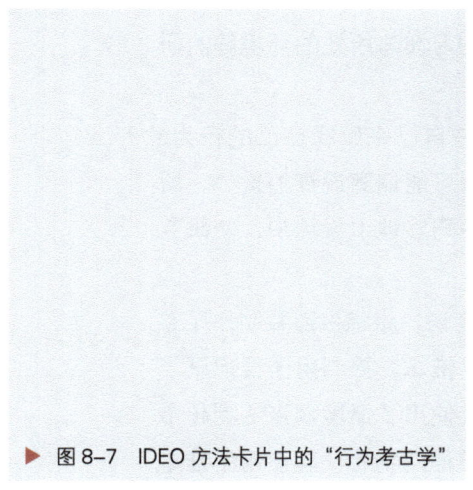  

▶ 图 8-7　IDEO 方法卡片中的"行为考古学"

第四节　情境调查法

在设计研发的起始阶段，观察并与用户访谈往往比仅仅观察效果要好，这种进入用户所在情境的调查方法被称为 context research，中文翻译为情境调查法或上下文调查法。其强调的是到用户工作的地方，在用户工作时观察，和用户讨论他们的行为模式，并实际体验用户的感受。美国学者 Hugh Beyer 强调，一旦了解用户行为或活动的来龙去脉，就能发现个中的意思。通过观察和体验对象的行为，可以让设计师真正获得用户的经验，这种尝试有助于揭示设计机会和展现一个产品怎样影响或完善使用者的行为，设计师往往会获得意外的发现。IDEO 团队曾有一个项目，让设计师一路陪同卡车司机，目的在于搞清楚防瞌睡装置对他们行车时的作用和影响。

在运用情境调查法时，应该注意以下四个方面：情境、协作、解释和焦点。

情境：强调必须在用户正常的工作、生活情境中进行。在用户操作时观察，在其工作场地或堆满他们日常用品的起居情境中对用户提问，这样可以发现他们的行为、态度观点等更多细节，从而避免抽象化地理解用户。在研究过程中，调查者既可以要求用户谈谈自己在此情境中的感受，也可以在观察用户行为时让其解释自己的行为。

协作：为了更好地了解用户的日常生活、工作习惯及其对产品的感知，调查者应该沉浸在用户的情境中，与用户转化关系，学习像用户一样体验，即所谓的"师傅/徒弟"模式。一般来说，调查者往往被用户视为专家，但在研究过程中调查者应该强调让用户把自己看做一个新手，以"师傅"的身份引导"徒弟"，模仿其行为，并解释含义。这可以使调查者以全新的眼光看待在此情境中发生的事。

解释：对行为的解释是非常重要的，用户和调查者应该一起谈论情景中的重要行为，让用户自己解释研究者所观察到的用户行为、生活习惯与所处的环境等。研究者应该小心避免未经用户验证的片面假设。

焦点：因为情境调查是以用户为中心的，调查时用户自己来解释自己的行为、习惯，他们往往会将问题引导到他们感兴趣的题目上，很可能偏离调查的重心，所以调查者一般会事先准备一个观察方向列表，并在访谈中巧妙地引导用户，使研究集中在一定的题目上。

1999 年美国夜线节目对 IDEO 公司进行了一次深入的专访，跟踪报道并制作了专题节目，IDEO 公司被要求在一周内为超市设计一款新的手推车，摄制组全程记录了该项目的设计过程。节目中，IDEO 的设计师在项目初期就使用了情境调查法到超市展开现场调查（图 8-8）。设计师们在用户的情境中，和普通购物者一起使用手推车在超市购物，体验用户购买的全过程并求教于超市中各个类型的用户。通过情景调查，设计师们发掘出用户的种种潜在需求，最终设计出贴心好用的超市手推车（图 8-9）。

▶ 图 8-8 IDEO 设计师进入超市情境进行观察

▶ 图 8-9 超市手推车最后设计成果

第五节　流程分析法

　　流程分析法与情境调查法相类似，也需要到实际场景中寻找问题，不同的是使用流程分析法调查时有着更明确的针对性。流程分析的重点在于了解用户的行为及任务的顺序，通常用于流程需要持续一段时间的情况，例如整个房间的打扫过程，或者上网购物的流程等。

　　流程分析调查的结果通常是一张流程图，鉴于流程分析的研究方向较为集中，所以在操作上通常也比情境调查更快捷。流程分析的调查过程可以采用摄影或摄像的方式进行，最后按流程顺序制作流程拼图，并辅以文字描述，分析流程中出现的各种问题。

　　以大二学生的豆浆机设计项目为例，在对豆浆机展开设计之前，教师先提供了一台豆浆机，要求学生在不看说明的情况下操作，并全程摄像，从摄像中截取图片，制作拼图（图 8-10 至图 8-13）。事实上整个过程很有戏剧性：

　　使用环境：学生寝室。

　　使用者：没有豆浆机使用经验的学生。

准备工作，洗浸黄豆
哎，要半天后才能制作！

倒入黄豆
倒哪里？加多少？没提示啊！

加水
还好，有水位提示。

接通电源
怎么没反应？

◀ 图 8-10　用豆浆机制作豆浆（1）

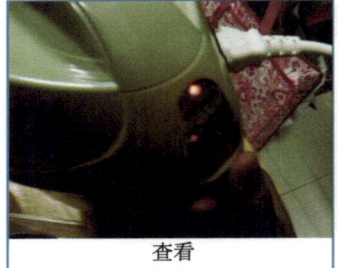

查看
灯倒是亮着。

再加黄豆
会不会黄豆不够？

等待
还是没反应，继续等吧！

等待
好像有水泡了，黄豆浮起来了。

◀ 图 8-11　用豆浆机制作豆浆（2）

第五节 流程分析法

▶ 图 8-12 用豆浆机制作豆浆（3）

▶ 图 8-13 用豆浆机制作豆浆（4）

由流程拼图可以看出缺乏经验的使用者在使用豆浆机时产生的种种疑虑和遇到的麻烦。尽管这是一次失败的豆浆制作经历，但是却提供给学生非常清晰的设计思路：

（1）如何缩短浸泡时间？

（2）加黄豆量应该有合适的提示。

（3）接通电源后应有工作状态的提示。（加热的灯亮起？语音提示？）

（4）等待过程很无聊，怎样可以打发时间。（音乐？）

（5）搅动时震动声音过大。（底座设置橡胶垫？）

（6）制作完成无提示。（提示音？电源灯熄灭？）

（7）倒豆浆时提着豆浆机太重。（改变倒豆浆方式？机头改平利于放置？）

（8）清洗时担心漏水进去。（密封圈？特氟龙涂层？）

练习题

- 主题：等车的人们（一）。
- 适用年级：工业设计专业本科二年级及以上，建议分组进行。
- 规格要求：(假定)杭州市政府决定在 2011 年前推行一系列市民服务政策，其中一项是在市区各个公交车站和地铁站推出一系列产品，为市民提供帮助。请就等车的人们为主题，综合利用现场观察法研究不同的人群在等车时的行为和表现，并以 PPT 形式制作研究报告。
- 参考时间：165 分钟（分工后人均 120 分钟收集整理制作，45 分钟组织课堂讨论）。
- 分析：在车站观察时可以找一类自己最感兴趣的人进行深入的观察。观察过程中一定要带着问题。在车站等车的人们各式各样：有手拎一袋早餐担心迟到的上班族，有背着大背包手拿地图仔细查看站牌的游客，有因为加班而疲惫不堪的末班车常客，有带着耳机、拿着手机不停发短信而误了车的大学生，有满手大包小包刚从商场出来的购物者，有因为缺零钱而找人搭伴上车的人……其实，每一类人身上都可以找到有用的资源。

第九章
角色构建方法

▶ 学习目的与要求：

　　本章主要介绍构建人物角色的定量与定性方法、构建人物角色模板的细节技巧及灵活应用人物角色的方法。通过本章内容的学习，可以了解设计过程中人物角色构建的一般知识，初步掌握人物角色构建方法和技能。

▶ 重点：

　　人物角色概念、人物角色构建过程、推广人物角色的方法。

▶ 难点：

　　人物角色构建技巧。

第一节　角色构建方法概述

　　"缺少一个可重复的分析过程，该过程能够将对用户的理解转变为能同时满足用户需求和激发他们想象力的产品。"

——Alan Cooper

　　在完成现场调查后，设计师已经拥有了大量关于用户的原始数据、资料。有时设计师会在零散的资料细节中捕捉到一些设计灵感，即刻由此入手展开设计，但是并没有试图从资料中整理出设计主线。更多的情况是面对着一堆用户资料，设计师变得茫然，无从下手。这种情况并不仅仅存在于学校的设计教学中，许多有经验的设计师同样会碰到这样的问题。

美国用户研究专家 Steve Mulder 等指出只有在将收集到的数据、资料整理成如下内容时，才能真正挖掘出其价值所在。其要求是：

（1）更全面而不是关注片面，设计师需要将所有资料放在一起综合分析，仅仅以自己的兴趣来取舍资料，或者光靠一两个统计结果根本无法了解整个事情的来龙去脉。

（2）可以共享，如果不能在设计团队中展示你的研究成果，别人很难赞同你的结论。但是如果将调查所得不加整理就丢给别人，将会大大降低最重要的数据的影响力。要使用户研究成果派上用场，必须把它们整理精简到易于使用和理解。

（3）容易记忆，容易记住的数据是那些经过合理、精心地分类组装的数据，人们在任何需要它的时刻就能立刻回想起来。

（4）可实施，用户研究的结果只有在可实施的时候才是有用的。

如何在完成现场调查之后，给出令人信服、容易记忆以及可以实施的结论，并与他人分享？如何寻找一个简洁、明朗的方式来探讨用户？经过多年不断地研究和实践，一种被称为"人物角色"（persona）的方法已逐渐被大家认可并得到广泛应用。人物角色并不是真实的人，而是基于人们真实的行为与动机，在现场调查获得的实际用户资料基础上构建而成的综合原型，并且在整个设计过程中代表着真实的人群。

第二节　定量与定性的角色构建

目前设计界还没有统一的角色构建方法，Steve Mulder 提出可以通过以下三种方法来进行角色构建。

1. 定性法人物角色构建

首先整理现场调查的资料，根据现场调查中发现的用户共性规划出不同的用户群组。找出一些模板，将拥有相似目标、观点或行为的人归集到所划分的特定用户群组中。通过这种归纳逐渐使各群组中的用户目标、行为、态度等信息丰富起来，并以此为基础给每个类型的用户群组设定一个人物角色。为了使每个人物角色更加生动，一般我们会赋予他（她）名字、照片、特征信息、产品使用细节以及其他相关资料。这是我们最为常用的人物角色构建方法，大多数设计师都倾向于使用这种相对快捷而经济的人物角色提炼程序。

2. 经定量检验的定性人物角色构建

在内部交流中，调查数据对于验证目标和观点、向决策者证明所创建的人物角色的科学性时往往最为有效。人物角色经过定量分析验证后具有统计学意义，所以经定量检验的定性人物角色构建方法最受专业公司青睐。这种方法的特点是在细分用户群组之后，并不急于构建人物角色，而是通过调查问卷或其他形式的定量研究方式，用更大数量的样本来验证细分的用户群组，进一步保证信息的准确性。但是鉴于定量验证需要足够的可信样本，成本高且专业性强，并不适合学生实践。

3．定量法人物角色构建

定量法人物角色构建是一个复杂的迭代过程，其细分用户群组的方式是由研究者的经验与研究数据两方面共同推进完成的。目前很多专业机构都已经开始利用这种更加科学、严谨的方法来完成人物角色的构建。定量研究的客观性，使得人物角色的创造过程和以数据为基础的决策更加紧密地结合在了一起。但是要求工业设计的学生独立完成以上工作既不现实，也没有必要，这里仅作简单的介绍。

第三节　构建人物角色模板的方法

从现场调查中得到的资料、数据量多而混杂，为了让人物角色构建更加顺利，设计师需要将这些原始的用户资料分到各细分群组中去。创建这些群组的方法是非常重要的，很多专家都认为这是整个人物角色构建中最为困难的部分，因为它不仅涉及人类学方法，还与市场研究方法密切相关。细分用户群组可以被视作从资料、数据中发现模式和故事的一门艺术，常见的细分用户群组的生成方法请参见第三章中市场细分的相关内容，本小节将重点介绍构建人物角色模板的方法。

人物角色必须具备高度的真实性，这样才方便设计团队将其当作真人来了解和讨论。如何把一组枯燥无味的特征列表和数据转变为生动直观的人物角色呢？国外有很多成熟的人物角色构建模板案例可供参考（图9-1至图9-3）。

商用GPS导航仪人物角色

Michale 米歇尔

"我需要赢得更多的客户"

Michale从事推销工作已有十几年了，他积累了不少老顾客，不断地为他们带来最新的产品和良好的服务。Michale非常注重与客户的交流，他记录了重要客户的生日，并会提前登门为客户送上一份小小的生日礼物。最近几年，由于客户越来越多，每天从早到晚他都在其销售区域疲于奔命。有几次，他甚至忘记了客户的生日，这使他十分不安。

Michale希望有合适的工具帮助他规划每日走访客户的路线，使他能访问更多的顾客，同时也能提醒他为生日即将到来的顾客捎上生日礼物。Michale理想的工具还应该能快速记录客户和产品信息，根据客户的需要当场订购产品，并且能在他往来于客户之间的路途中调剂一下心情。

- 年龄：42
- 居住地：奥兰多冬季公园，佛罗里达州
- 婚姻状况：已婚，有一个11岁的女儿
- 教育程度：大学
- 职业：区域销售经理
- 性格：外向，热情开朗，幽默
- 爱好：健身、乡村音乐、酒吧桌球

用户目标
- 规划路线
- 导航
- 生日提醒
- 信息记录与查询
- 现场订购
- 娱乐

知识和经验
- 熟练地使用地图
- 基本电脑操作
- 5年汽车驾驶经验

产品与品牌态度
- 关注性价比
- 操作直观简单
- 防摔耐用
- 便于携带
- 看上去体面、可靠
- 功能够用就行
- 稳定、速度快
- 对品牌不十分敏感
- 信任欧洲的电子产品

信息渠道
- 不信任电视广告
- 常浏览商业杂志
- 关注网上第三方评测
- 关注对比性评测

▲ 图9-1　人物角色模板示例1

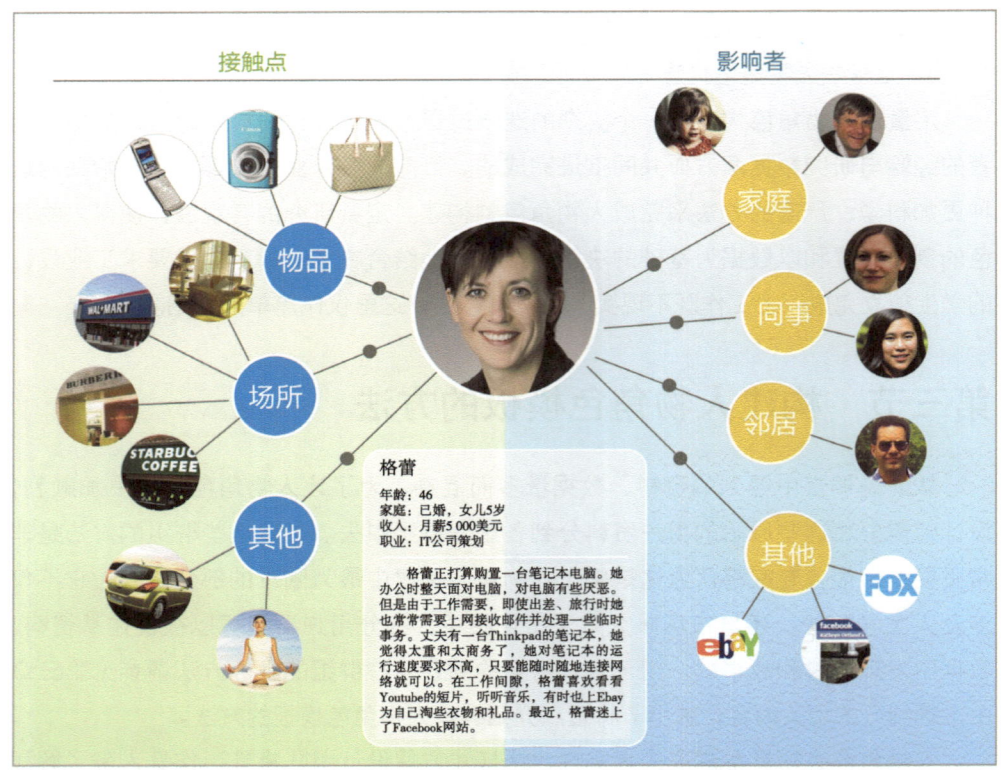

▲ 图 9-2 人物角色模板示例 2

首要人物角色

Francis 初次买房者

"我就是不知道从哪里开始！"
- 第一次买房
- 缺乏房地产知识
- 非常焦虑

个人概述

Francis和她的丈夫Micheal多年来一直梦想着能拥有一幢他们自己的房屋，所以他们最喜欢做的事就是在星期天的上午一起浏览报纸上的房地产板块。现在Micheal升了职位，他们终于可以梦想成真了。不过唯一的问题在于，Francis完全不知道从哪里入手。

她知道什么是他们想要的：一幢比较新的房屋、临近市区、三间卧室、游泳池。但是她也知道她得了解很多房地产知识，可与之相关的因素和需要做决定的地方多得让她感到害怕。他们负担什么样的房屋？怎样才能避免买到他们不喜欢的小区房屋？Francis完全不知道需要什么样的步骤，又不愿意去问有购买房屋经验的熟人，因为她觉得问这些问题会让她显得很愚蠢。

Francis需要的是一个能解答她全部问题，又不会用那些让人晕头转向的术语来淹没她的网站。同时她也希望这个网站能提供给她所必需的每一样东西，帮助她完成从找房到买房的每一个步骤，这样她就不用再去访问其他的网站了。她喜欢的网站是既友好又简单的，尤其是它能记住她是谁，这样她不用每次都要输入自己的个人账号。不过最为重要的是，她希望这个网站能给她可以信赖的、有用的建议和信息。

用户目标

Francis访问网站是为了：

1. 了解更多买房的程序，包括相关的术语、房产经纪人、抵押贷款、保险和如何做房屋评估。
2. 基于当前利率和初次购房者的购房流程来计算出他们能负担的最高房屋价格。
3. 在Atlanta 寻找符合期望条件的小区。需要综合考虑周边学校、税收、公共交通、犯罪率。
4. 寻找一个满足他们期望条件的房子。
5. 寻找最好的抵押贷款方。
6. 寻找最好的业主保险机构。

商业目标

我们希望Francis：

1. 经常访问网站（广告收入）。
2. 订阅邮件提醒和新闻。
3. 使用我们的增值服务。
4. 联系网站的合作伙伴（房屋经纪公司）委托相关的购房事宜。
5. 联系网站合作伙伴（保险机构）洽谈相关的保险事宜。
6. 将网站推荐给他人。

个人信息

职业：注册护士，Northside医院
住址：Atlanta, GA
年龄：33
家庭情况：丈夫Micheal（医药销售）
　　　　　目前无子女，计划近期要小孩
爱好：烹饪、给朋友做媒、打网球
喜欢的电视节目：Lost、Grey's anatomy
性格：外向、和善、有点好管闲事、关注细节

购房相关信息

当前住房：市中心南部的一间公寓（已居住六年）
家庭总收入：70 000美元
存款：10 000美元
信用记录：良好
采购周期：3~6周
房产知识：低

互联网使用信息

互联网经验：中等（有两年上网经验）
主要用于：购物、收发邮件、算命
常去的网站：Coolsaving、Peapod、GAP、E Online
每周在线时间：3小时
电脑：iMac、1M cable、IE浏览器

▲ 图 9-3 人物角色模板示例 3

总结这些模板案例可以发现，要构建一个成功的人物角色模板，一般需要有以下一些基本信息：

关键特征与概述

人物名字

形象照片

个人信息

产品认知与态度

人物角色优先级

图9-4是由这些信息构成的一个人物角色模板，模板中各信息的撰写要求如下：

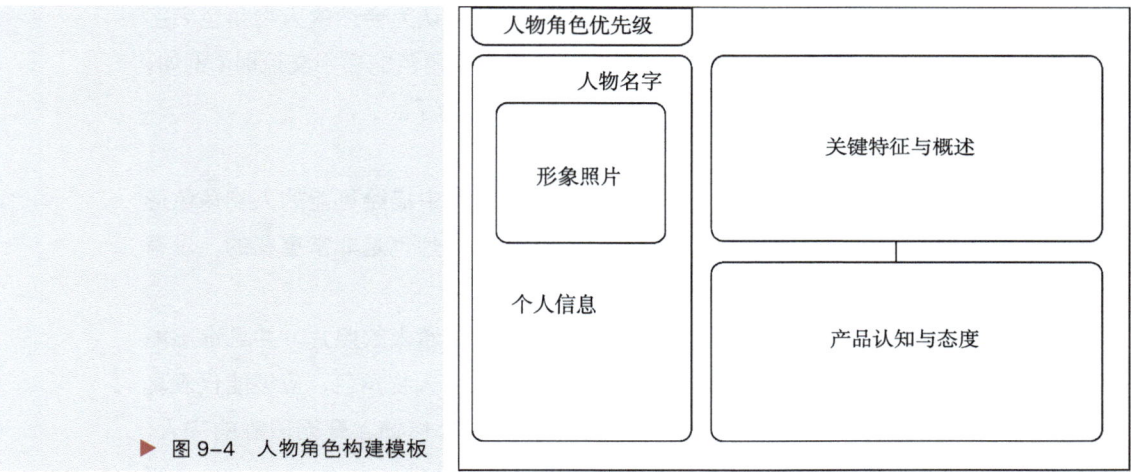

▶ 图9-4 人物角色构建模板

1．关键特征与概述

为了使构建的人物角色更加清晰，我们需要为每个人物角色标注其关键特征。例如我们构建了一个名叫雯雯的豆浆机新用户。那么她的关键特征可能会是：缺乏豆浆机使用知识，非常害怕使用。

对于每个人物角色而言，关键特征是最重要的一部分，它将不同的人物角色区分开来，使人物角色特征鲜明且更容易理解。除关键特征之外，简单并带有感情色彩的概述，可以让设计团队中的其他成员能形象地联想、勾画出这个新手的窘态，比起长篇累牍的数据资料要简洁有效得多。

2．人物名字

很难想象，一个没有名字的人物角色能让人觉得真实可信。给构建的人物角色取一个人人都喜欢的名字将有助于设计团队的成员将其在潜意识中看做一个真实存在的人物，而不仅仅是某个归纳而成的模型。比如我们谈起"雯雯的麻烦"要比"豆浆机新用户"更加亲切和自然。

人物角色通常不需要全名，一个简称常常效果更好，同时也避免了增加设计人员的记忆负担。我们在选择名字时，应该注意名字是否适合该细分群体，比如老年用户我们常常用"老李"、"老王"来称呼，而年轻用户则更时尚一些，如"雯雯"、"苏菲"等，甚至还可以直接借用我们在做现场调查时遇到的用户名。需要注意的是，我们常常会构建几个不同的人物角色，因此，必须保证所有人物角色的名字有足够的差异以避免混淆。

另外，在给人物角色取名时，可以给这个名字添加一个简单的定语描述，这样也方便设计团队成员将这个名字和其关键特征联系起来。例如，热情好动的阿康，高度感性的雯雯，完美主义者苏菲，LV粉丝娜娜，网虫刚仔，等等。

选择人物角色的名字是个有趣的过程，因为每个人对不同的名字都有自己独特的记忆、联想上的反应，所以选择让设计团队所有成员都认为合适的人物角色名字是非常重要的。当团队的成员们在设计过程中开始用人物角色的名字交流时（例如，"噢，雯雯一定不会再去碰那个按钮了"），人物角色就成功了。

3. 形象照片

在做完前期的调研分析后，每个人就已经开始在脑海中描绘可能的人物角色形象了，所以找到一张让设计团队所有成员都认可的角色照片也是非常重要的，没有什么比一张照片更能让我们相信人物角色的真实性了。

在为人物角色选择形象照片时，最重要的是找一张普通人的照片，并且选出能够代表该角色形象的照片（图9-5）。我们需要构建的这个人物角色，应该能代表真实的用户，如果选择的形象过于完美，看上去像一个精心修饰、毫无瑕疵的完人，那么这种理想化的用户可能将设计师引入歧途。

▲ 图9-5 找出这些形象照片中哪些适合做人物角色的照片

在选择人物角色照片方面，研究者已经提供了很多值得借鉴的经验。Steve Mulder的一段话形象地总结了这类照片的选择技巧："我建议使用肩部以上的肖像来作为人物角色的图片,因为脸部可以极好地表现细节和性格,同时人物的衣着刚刚好能够让您找到对他(她)的感觉。保证图片中人物视线对着镜头,而不是别的地方。您应该可以清楚地看到他们的脸,而不是被其他人和物品,或者任何一个对这个角色而言过于奇怪或者反常的东西分散了注意力,比如一件丑陋的圣诞节毛衣或者一只站在他(她)肩上的鹦鹉。"[1]

4．个人信息

构建人物角色的实践证明,细节程度比准确性更重要。在确定了关键特征、名字和形象照片之后,我们还需要加入更多的细节来加强该人物角色在设计团队成员脑海中的形象,使其变得丰满、立体而不单调乏味。

一般个人信息可能会需要以下这些细节:

职业:人物角色的工作能说明很多事,在调查资料的基础上,找一个与人物角色性格情趣有内在联系的行业并给人物角色一个职位会使其可信度更高。

年龄:选择一个和我们前面所选择的形象照片相对应的年龄。人的年龄差异同样可以让我们想象到许多有意思的细节。

居住地:不同地域、不同城市的风俗习惯差异值得关注,这样的细节将丰富人物角色的形象。

家庭:婚姻状况和是否有子女等细节都会在某些方面影响着人物角色的目标、行为和观点,例如,未婚单身女性和已婚育有子女的妇女的消费观可能大相径庭。

爱好:一两个爱好能使人物角色更加丰满,列出一些其喜欢的电视、电影或者音乐同样有助于人物角色的性格塑造。

5．产品认知与态度

产品认知与态度是区分人物角色的重要内容,反映着人物角色对产品的理解、情感和需求,一般可以通过以下几个方面进行描述:

用户目标:他们使用该类产品的目的是什么?除了主要目标外还有其他隐性的需求吗?

知识和经验:他们是初次使用吗?他们对于这类产品有什么样的认知?与该产品相关的知识和经验中有哪些值得设计师注意?

产品与品牌态度:他们对于这类产品总的态度如何?在选购这类产品时是否特别关注品牌?对哪些品牌特别在意?他们对于此类产品有何期望?有些什么样的特殊要求?

信息渠道:他们一般通过哪些信息渠道获得产品的信息或评价?哪些信息源对他们的影响力最大?他们更在意哪些地方的广告?

---

[1] [美] Steve Muider. 赢在用户Web人物角色创建和应用实践指南. 范晓燕,译. 北京:机械工业出版社,2007:116.

6．人物角色优先级

我们的产品或者服务的使用对象往往不是某单一人群，所以才需要现场调查并做用户群组的细分。在构建人物角色的过程中，我们也因此需要做优先级的排序，以方便我们确定首要的设计对象。Alan Cooper 提出了六种类型的人物角色，以下三种特别值得关注：

首要人物角色。它是我们设计的主要目标，针对任何其他人物角色的设计都不能使首要人物角色的需求得到满足。但是反过来，如果设计针对的目标是首要人物角色，那么其他所有的人物角色的需求都至少能获得部分满足。选择首要人物角色是一个排除的过程，每个人物角色必须与其他人物角色的目标进行比较测试。首要人物角色是最具有商业价值的，其需求凌驾于其他人物角色之上。如果遇到不同人物角色之间的需求矛盾，这个人物角色总是排在第一位的。一般首要人物角色不会多过两个，不然我们就需要重新检视一下我们的产品范围是否太广？

次要人物角色。有时我们会遇到这样的情况，在针对首要人物角色设计时如果再增加一两个附加的具体需求，某个其他的人物角色的需求就完全能被满足。这样的人物角色是这个产品的次要人物角色。通常一个产品或者服务会有零到两个的次要人物角色。

负面人物角色。负面人物角色不是产品的用户。构建这类人物角色的目的是让设计团队的成员记住不要将注意力放到他们身上，我们的产品或者服务无需顾及他们的需求。

为了更好地帮助理解，这里以豆浆机新用户"雯雯"为例，参照以上要求构建人物角色模板（图9-6）。

◀ 图9-6 人物角色构建模板

第四节　灵活应用人物角色的方法

经过前面内容的学习，应该可以构建出所需的人物角色模板了，那么怎样才能在设计流程中有效地应用人物角色，使其成为设计创新的推动力呢？谁都不希望花费大量时间和精力构建出来的人物角色仅仅成为一种摆设。以下的几种方法有助于设计师灵活地使用人物角色。

一、建立人物角色意象拼图

人物角色意象拼图（也称人物角色情绪板）可以帮助设计团队更好地进入人物角色的生活情境。设计师可以将人物角色所处的环境、使用的物品、喜欢的电视节目等以图像形式放置到一起，制作人物角色的意象拼图（图9-7）。意象拼图的内容与我们所要设计的东西可能并无直接关联，却直观地展现着人物角色的生活风格，设计师往往能从中勾勒出人物的性格，把握住用户的喜好，获取造型、色彩、材质、肌理等设计元素的视觉参照。

▲ 图9-7　人物角色构建意象拼图

二、创建人物角色剧本

设计师还可以为人物角色设定一个场景，构建人物角色与产品、场景之间的故事，并以剧本形式进行描述，通过讲故事的方式帮助设计团队的全体人员理解用户在特定场合的行为和需求。关于人物角色剧本的详细介绍请参见第十二章中的剧本导引设计方法，这里暂不做进一步探讨。

三、推广人物角色

推广人物角色的方法除了使用人物角色意象拼图和剧本之外，还可以用更加生动的形式来推广。如制作人物角色卡片（图9-8），在正面放上名字、照片形象及关键特征，在背面放上其他内容的精简版；用厚纸板制作一个真人大小的人物角色形象，放在设计师的工作场所，使其可以触手可及；如果有更多的经费和时间，还可以考虑让设计团队的成员沉浸到人物角色的世界中去，就像样板房一样，构建一个真实的生活或者工作环境，让设计师走进人物角色的生活，感知用户在此情境中的状态，这对激发设计团队的创造灵感大有裨益。

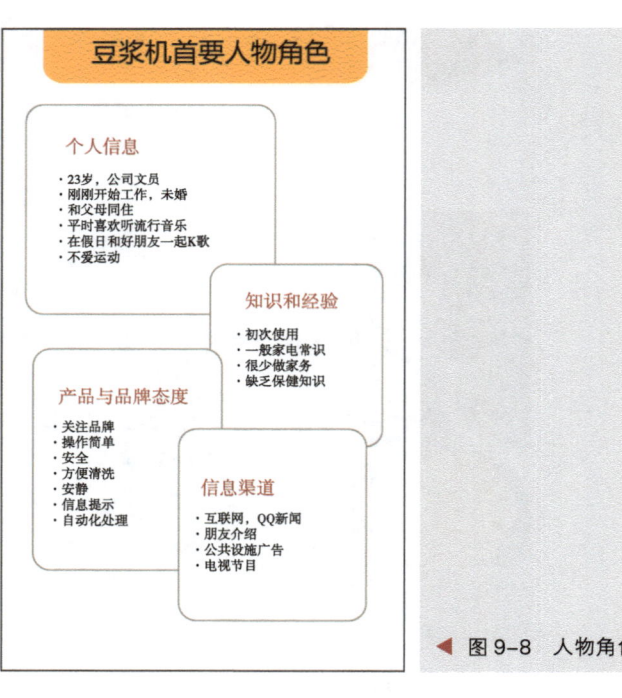

◀ 图9-8 人物角色卡片

四、角色扮演

为了保持人物角色的活力,除了营造一个沉浸式的环境外,还可以让设计团队的成员在设计过程中扮演指定的人物角色,这样在讨论新的设计方案时,便可以听到来自人物角色的意见。角色扮演的另外一个好处是设计师在演绎人物角色的同时往往因为移情作用能感同身受,发现问题、激发创意。现场观察有时很难体验到一些特殊用户的真实感受,如在为老年人设计时,由于老年人的视觉、听觉、触觉、肢体敏捷性和灵活度等生理机能都已有不同程度的退化,为了让设计师进入到老年人的生活情境,真实体验到他们由于衰老而产生的种种不便,除了需要认真进行现场调研并制作对应的人物角色模板外,还需要借助于一些辅助设备帮助设计师进行角色扮演。例如在为老年人设计移动电话时,为了体验老年人手指动作不够灵活和触觉不灵敏等特点,可以让设计师带上冬季手套试着拨电话,发短消息,在扮演特定人物角色的过程中理解老年人的苦恼和麻烦,发掘该用户群体的真实需求(图9-9)。

▶ 图 9-9 体验老年人的动作行为

练习题

▷ 主题:等车的人们(二)。

▷ 适用年级:工业设计专业本科二年级及以上,建议分组进行。

▷ 规格要求:根据第八章课后作业搜集到的一手资料,每个小组针对不同类型的候车人群,塑造一个主要的人物角色,制作人物角色模板和人物角色意象拼图,用 A3 纸彩色打印,张贴在专业教室中。

▷ 参考时间:165 分钟(分工后人均 120 分钟收集整理制作,45 分钟组织课堂讨论)。

第十章
可用性测试方法

▶ 学习目的与要求：

本章主要介绍了可用性的属性、可用性测试的目的与内容及常用的三种可用性测试方法，为了便于学生操作，最后还附加了一张可用性测试问卷模板。本章目的主要在于帮助学生了解可用性工程中的相关知识，并能灵活运用到设计创新中去。

▶ 重点：

可用性的属性、可用性测试的目的与内容、常见的可用性测试方法。

▶ 难点：

三种常用可用性测试方法的理解与掌握。

第一节　可用性的五个属性

过去，消费电子产品由于功能有限，使用起来一般都比较简单，通过几个按钮就可以完成操作。随着技术的进步，新的产品集成度越来越高，功能越来越多，处理能力越来越强，而使用却越来越困难了。面对这种情况，被誉为"可用性之王"的 Jakob Nielsen 认为，具有用户界面的所有产品都应该注重产品的可用性，通过在设计时引入可用性工程可以使这类产品的使用更方便、直观、高效。为此他为可用性定义了五个属性：

可学习性（learnability）：在某种意义上，可学习性是最基本的可用性属性，因为大多数产品或者服务都应当做到容易学习，而且大多数人对于新产品的最初体验就是学习如何使用。目前确实有很多产品必须花费用户大量的时间去自学或接受培训以掌握复杂界面的使用技巧，但是在一般情况下，产品或者服务应当是容易学习的。在分析可学习性时，应当意识到用户通常并不是在花时间学完了整个用户界面（这里的界面指的是物理的界面和屏幕中的虚拟界面两部分）之后才开始使用产品。相反，用户通常在学习了部分界面后就开始使用。

效率（efficiency）：是指熟练用户在达到学习曲线上的平坦阶段时的稳定绩效水平，即持续度量用户行为，当发现用户执行测试任务时在一段时间内绩效水平不再提高，就可以认为用户已经达到其稳定的绩效水平了。

可记忆性（memorability）：对于一个产品或服务而言，除了新手用户和熟练用户之外，非频繁使用用户是第三种主要的用户类型。让产品的使用功能或者用户界面容易记忆，对于那些非频繁使用的用户来说是相当重要的，可记忆性的改进将使产品或者服务更加好用、更有亲和力。

出错（errors）：应当让用户在使用产品的过程中尽可能少出错。把错误简单定义为任何不正确的用户操作是设计者逃避责任的表现。作为度量可用性的一项重要指标，产品或者服务的出错率是通过用户执行某个任务时错误操作的统计次数来衡量的。

主观满意度（satisfaction）：指用户在使用产品或者服务时感到快乐的程度。对于那些非工作环境下（诸如家用多媒体、电子游戏等）以随意的方式使用的产品或服务系统来说，主观满意度是一个特别重要的可用性属性。对于这样的产品或服务系统而言，它们的娱乐价值比完成任务的效率更重要，因为人们希望在其中享受长时间的乐趣。

第二节　可用性测试的目的与内容

在设计中，可用性测试的目的在于使用户参与整个设计研发的过程。设计师向一些有代表性的用户提供设计原型，要求其进行典型操作测试，同时设计调查者在一旁观察、聆听、做记录，不断地分析用户的目标、行为和观点，帮助产品一步步改进、达到可用、好用的目标。

现场调查与可用性测试的主要区别在于：现场调查是通过实地收集用户信息，帮助设计师寻找原设计存在的问题及可能成为新设计创新点的线索。可用性测试是通过让用户完成一系列与最终设计密切相关的操作情境和任务，来帮助验证设计的各项指标是否达成，寻找还可能存在的问题。可用性测试是以用户为中心设计的一个重要组成部分。

典型的可用性测试应该包括以下测试内容：操作的成功率、操作效率、操作前的用户期待、操作后的用户评价、用户满意度、出错率、二次操作成功率、二次识别率等。

一般来说，可用性测试需要两周的前期沟通和准备，一个星期测试，两个星期提交分析报告；实际操作中可根据测试的内容及项目规模进行调整。

可用性测试过程中形成的文件一般包括以下内容：

1．日程安排文档
2．用户背景资料文档
3．用户协议
4．测试脚本
5．测试前问卷
6．测试后问卷
7．任务卡片
8．测试过程检查文档
9．过程记录文档
10．测试报告
11．影音资料

第三节　常用的可用性测试方法

一、一对一用户测试

一对一用户测试一般是由两名测试人员（一名主持，一名助理）和一个被测试用户共同完成。被测试用户在测试人员的观察下去完成一系列测试脚本预设的典型任务，整个测试过程往往会以摄影或摄像的形式记录下来，以方便后期的进一步研究。测试人员在被测试用户身边观察其操作过程，不时询问用户的思维过程并记录各项相关指标（包括用户出错次数、完成任务的时间等）及可用性问题（图10-1）。

▲ 图 10-1　淘宝网 UED 研究员在做一对一用户测试

二、启发式评估

启发式评估法是一种用来发现设计中可用性问题的方法（图 10-2），它一般会邀请多名用户作为评估人员来评价产品，发现问题，并根据可用性设计原则提出改进方案。由于不同的人会发现不同的可用性问题，所以往往邀请多名评估者以提高启发式评估的效果。根据 Nielsen 的研究发现，5 个评估人员能够发现 75% 的可用性问题，所以从评估费效比来看，5～7 名评估人员是较为理想的数字。

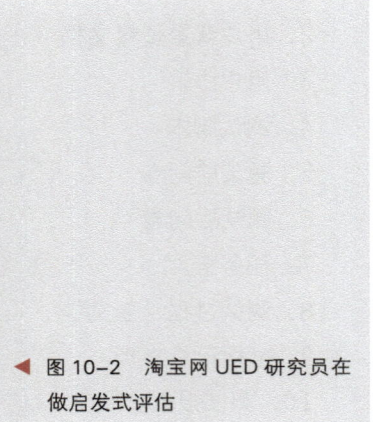

图 10-2　淘宝网 UED 研究员在做启发式评估

在进行启发式评估时，首先由每个评估者单独评估产品，以确保每个评估者独立无偏见地进行评估。当所有的评估者都完成了他们的评估后，再将他们聚集在一起进行讨论并整合他们的发现。与其他可用性测试方法最大的差异在于，评估过程中需要观察者回答评估人员的问题以使他们更好地评定产品某一方面的可用性；在评估完成后的讨论中，观察者需要详尽记录讨论的内容，以便进一步分析与撰写报告。通常，一次启发式评估需要持续 1 到 2 小时。

三、焦点小组

焦点小组是一种小组访谈的形式，通常将 6～12 人招集到一起，由一名主持人引导，对某一主题或观念进行深入讨论。焦点小组可以帮助设计师深度了解人们对某些问题的看法，如人们对既定事物的理解，以及他们为什么会产生这些观点等。一般在焦点小组开始前，需要预先准备好一个提纲，提纲中涉及的问题应该被设计成开放式的和坦诚的，以便发挥每个人的积极性，展开深入有效的讨论。焦点小组对主持人要求比较高，需要主持人在不限制成员自由发表意见和观点的前提下，保证谈话能紧密围绕提纲主题。

第四节　可用性测试问卷

可用性测试是一项非常专业的工作，对于学生而言，前面提到的在专业公司中最常使用的"一对一用户测试"、"启发式评估"以及"焦点小组"方法在缺乏专业人员的指导或专业设备支持的情况下，学生很难独立有效地完成。

针对这种普遍情况，这里介绍一种简易的可用性测试方法：可用性测试问卷。可用性测试问卷与常见的用户满意度调查表在形式上并没有太大差别，都采用态度量表形式；但是在可用性测试问卷中，问卷的设计和内容都紧紧围绕着产品使用中可能出现的可用性问题而展开。鉴于这种可用性测试方法仅仅需要设计出有效的问卷，无需测试技巧和测试设备，并且可以通过网络邮件的形式分发问卷和汇总整理测试结果，所以相对适合学生使用。

为了进一步方便学生参考和操作，这里提供了一个可用性测试问卷的案例模板。在设计该问卷时我们采用了态度量表中的语义区别量表形式。语义区别量表对调查时呈现的有关态度目标的陈述进行核对，由一系列典型的两极性形容词组成（如失望/满意、枯燥乏味/激动人心等），让用户（被测试者）从正向到负向的若干个差距维度中选择最符合自己感受的选项值，最后由调查者将全部选项的应答求和并作进一步分析。

某款手机的可用性测试问卷模板

用户信息			
姓名	年龄	性别	教育程度

第一部分　该手机使用经验

1.1 您使用该手机有多久？
　　□ 少于一小时　　□ 一小时至一天　　□ 一天至一周　　□ 半年至一年　　□ 一年以上

1.2 您平均每天有多长时间随身携带手机？
　　□ 少于5小时　　□ 5小时至8小时　　□ 8小时至12小时　　□ 24小时（全天）

第二部分　过去的经验

2.1 您曾经使用过多少个手机？
　　□ 无　　□ 1个　　□ 2个　　□ 3~4个　　□ 5~6个　　□ 6个以上

2.2 选出以下这些IT产品中，您亲自使用过并较为熟悉的。
　　2.2.1 作业系统
　　　　□ Windows系统　　　　□ Mac系统　　　　□ Linux系统
　　　　□ Palm系统　　　　□ Windows Mobile 系统　　　　□ 赛班系统

2.2.2 产品
☐ 打印机　　　　　　　　☐ 扫描仪　　　　　　　　☐ 绘画板

第三部分　用户总的反映

（请在最能适当反映您对使用手机印象的数字上画圈）
对该手机的印象如何？

编号	左	1 2 3 4 5 6 7 8 9	右
3.1	很糟糕	1 2 3 4 5 6 7 8 9	令人愉快
3.2	很失望	1 2 3 4 5 6 7 8 9	令人满意
3.3	枯燥乏味	1 2 3 4 5 6 7 8 9	激动人心
3.4	难以使用	1 2 3 4 5 6 7 8 9	得心应手
3.5	功能不足	1 2 3 4 5 6 7 8 9	功能强大
3.6	呆板	1 2 3 4 5 6 7 8 9	灵活

第四部分　总体外观看法

编号	左	1 2 3 4 5 6 7 8 9	右
4.1 形状	很糟糕	1 2 3 4 5 6 7 8 9	令人愉快
4.2 大小	不合适	1 2 3 4 5 6 7 8 9	很适用
4.3 厚薄	不合适	1 2 3 4 5 6 7 8 9	很合适
4.4 重量	不合适	1 2 3 4 5 6 7 8 9	很合适
4.5 色彩	不合适	1 2 3 4 5 6 7 8 9	很合适
4.6 材质	不合适	1 2 3 4 5 6 7 8 9	很合适
4.7 手感	不合适	1 2 3 4 5 6 7 8 9	很合适

第五部分　界面设计

编号	左	1 2 3 4 5 6 7 8 9	右
5.1 屏幕显示的图标识别性	不可识别	1 2 3 4 5 6 7 8 9	识别清晰
5.2 图标显示位置	很糟糕	1 2 3 4 5 6 7 8 9	令人满意
5.3 图标大小	不合适	1 2 3 4 5 6 7 8 9	很合适
5.4 菜单样式	不合适	1 2 3 4 5 6 7 8 9	很合适
5.5 菜单文字	不易读懂	1 2 3 4 5 6 7 8 9	容易读懂
5.6 菜单文字大小	不合适	1 2 3 4 5 6 7 8 9	很合适
5.7 屏幕中的突出显示	没有帮助	1 2 3 4 5 6 7 8 9	有帮助

第四节 可用性测试问卷

5.7.1 使用方框显示	没有帮助	有帮助
	1 2 3 4 5 6 7 8 9	
5.7.2 使用闪烁	没有帮助	有帮助
	1 2 3 4 5 6 7 8 9	
5.7.3 使用粗体	没有帮助	有帮助
	1 2 3 4 5 6 7 8 9	
5.8 屏幕布局对用户有益	从不	总是
	1 2 3 4 5 6 7 8 9	
5.8.1 能够在屏幕上显示必要信息	不是	总是
	1 2 3 4 5 6 7 8 9	
5.8.2 信息在屏幕上的排列	不合逻辑	符合逻辑
	1 2 3 4 5 6 7 8 9	
5.9 菜单显示顺序	混乱	有序
	1 2 3 4 5 6 7 8 9	
5.10 菜单样式	不满意	令人满意
	1 2 3 4 5 6 7 8 9	

第六部分 交互方式

6.1 时间效率	很低	很高
	1 2 3 4 5 6 7 8 9	
6.2 动作效率	很低	很高
	1 2 3 4 5 6 7 8 9	
6.2.1 菜单选取	很低	很高
	1 2 3 4 5 6 7 8 9	
6.2.2 输入法	很低	很高
	1 2 3 4 5 6 7 8 9	
6.2.3 操作过程的延迟长度	不能接受	可以接受
	1 2 3 4 5 6 7 8 9	
6.2.4 提示信息说明了问题所在	从不	总是
	1 2 3 4 5 6 7 8 9	
6.2.5 错误提示信息的措辞	令人不愉快	令人愉快
	1 2 3 4 5 6 7 8 9	
6.3 上下菜单布局的合理性	极不合理	很合理
	1 2 3 4 5 6 7 8 9	
6.3.1 每个任务所需要的步骤数	太多	适当
	1 2 3 4 5 6 7 8 9	
6.3.2 完成一个任务的步骤符合逻辑	不符合	符合
	1 2 3 4 5 6 7 8 9	
6.3.3 完成动作后的反馈	不明确	明确
	1 2 3 4 5 6 7 8 9	
6.4 易学习性	很低	很高
	1 2 3 4 5 6 7 8 9	
6.4.1 入门使用	困难	容易
	1 2 3 4 5 6 7 8 9	
6.4.2 高级技巧学习	困难	容易
	1 2 3 4 5 6 7 8 9	
6.4.3 学习使用该手机所需要的时间	很长	很短
	1 2 3 4 5 6 7 8 9	
6.4.4 新功能的发现	困难	容易
	1 2 3 4 5 6 7 8 9	

第七部分　多媒体

7.1 静态图标质量	差								好
	1	2	3	4	5	6	7	8	9
7.1.1 图像	模糊								清晰
	1	2	3	4	5	6	7	8	9
7.1.2 图像亮度	昏暗								明亮
	1	2	3	4	5	6	7	8	9
7.2 电影的质量	差								好
	1	2	3	4	5	6	7	8	9
7.2.1 电影清晰度	模糊								清晰
	1	2	3	4	5	6	7	8	9
7.2.2 电影流畅度	不流畅								流畅
	1	2	3	4	5	6	7	8	9
7.3 声音输出	不清晰								清晰
	1	2	3	4	5	6	7	8	9
7.3.1 声音输出	不流畅								流畅
	1	2	3	4	5	6	7	8	9
7.3.2 声音输出	失真								逼真
	1	2	3	4	5	6	7	8	9

练习题

- 主题：手机的可用性评估报告。
- 适用年级：工业设计专业本科二年级及以上，建议分组进行。
- 规格要求：设定一个主题，选择 6～8 款适合的手机，对它们的某一功能的可用性进行评估和比较。测试的主题可以是手机的某一个具体功能，如查找联系人的方式；也可以从具体手机设计定位出发，如测试某几款老人手机的可用性。评估可以针对软件方面，也可针对硬件方面。
- 首先，测试前针对要测试的功能点制定多个典型的测试任务，并邀请 6～8 个同学来完成一对一测试。在设置任务前必须理清自己的目的，比如，为了检查写短信时多种输入法切换的可用性，可以要求被测试者发一条指定内容的短信 "明天晚上 20：00 一起参加 Party 吧！" 给一个指定号码。最终以分析报告的形式提交。
- 其次，针对该功能设计一份可用性调查问卷，在一对一的测试任务完成后，要求被试者填写，以获得被试者对该手机的主观评价。
- 参考时间：165 分钟（分工后人均 120 分钟收集整理制作，45 分钟组织课堂讨论）。
- 分析：在针对某个具体功能做测试时，选择手机应尽量考虑差异性，如不同的品牌、同一品牌不同历史阶段等。测试时应采取组间测试的方法，即测试手机的顺序应该针对不同被试者进行先后的调整，以避免被试者心理、情绪以及学习兴趣受影响。

快速有效的设计创意方法

作为设计教育者，在日常的教学过程中，我们常常会发现这样的情况：大多数学生在设计创意阶段即设计前期，基本上依靠"拍脑袋找灵感"。由于学生本身社会阅历不足，平时对生活细节缺乏观察，经常发生一接到设计题目便陷入"设计什么，找不到设计点"的困境之中。对设计专业的很多学生而言，想点子远比做设计更难。大量时间被浪费在无目标地寻找"创意"上，严重挤压后期细化、推敲设计的时间，最后出来的东西也往往不尽如人意。

很多设计师认为，创意是没法教的，但是在高校的设计教学中，将国内外设计机构经过多年设计实践归纳总结出的各种快速有效的设计创意方法系统地介绍给学生，可以在方法、思路上引导帮助学生开拓思维、启发想象、不落窠臼，在短时间内找到更多的设计创意点，探索各种设计创新的可能性。

设计创意方法部分由两章组成，第十一章介绍了国内外设计机构的一些常用的快速展开创意的思维方法及创意点重构方法。第十二章针对设计过程中的视觉化和评估阶段，重点分析了剧本导引设计方法和以原型构建为核心的设计方法，最后以介绍新兴的设计方法理论——麻省理工学院教授前田约翰（John Maeda）的简单法则作为结束。由于篇幅所限，本书在选择创意方法、设计方法时以快速有效、简单易用为原则，而流行的 Triz 创新方法、6 西格玛设计方法以及仿生设计、通用设计、生态设计等具有完整体系的方法无法收录在内，这些方法都已有专著出版，而且广为人知，远非寥寥数语可以解释，希望读者自行查阅相关文献。

第十一章
快速有效的创意思维

▶ 学习目的与要求：

　　本章主要从工业设计实践出发，介绍了大量在设计创意阶段帮助设计师展开思路，寻找创意点的方法，包括理念草图法、即时帖风暴法、曼陀罗法、思维导图法、联想游戏法、关键词与关键词意象拼图法。在设计创意点的基础上，还介绍了多种创意点重构法则。本章要求学生通过课堂学习与课后练习熟悉了解上述设计创意方法。

▶ 重点：

　　理念草图法、即时帖风暴法、曼陀罗法、思维导图法、关键词意象拼图法及多种创意点重构法则。

▶ 难点：

　　理念草图法、即时帖风暴法、关键词意象拼图法。

　　思维是人脑对客观事物本质属性和内在联系的概括和间接反映。创意思维则是以新颖独特的思维活动揭示客观事物本质及内在联系，并指引人去获得对问题的新的解释，从而产生前所未有的思维成果。创意思维也称创造性思维。

　　创意思维人皆有之，只不过由于个人对知识的吸收能力、记忆能力和理解能力的强弱不同，产生了剖析、判断和综合能力的差异。很多设计师、设计系的学生常常会说"啊，没有灵感啊"！灵感是什么？所谓灵感，是思考者在形象思维和抽象思维长时间紧张而暂时松懈后的顿悟，其实是长时间积累的突发表现。所以，心理学家认为，灵感是思维高级阶段的产物，是认识上的飞跃，是创意思维的一种重要表现形式。

第一节　快速展开创意的思维方法

一、理念草图法

捕捉转瞬即逝的灵感创意时，纸笔具有不可取代的速度和便捷性，就连餐巾纸有时也作为应急的记录工具，并由此诞生了不少著名设计。尽管现在数字化工具已经很发达，手绘板也得到了普遍应用。但是在设计的最初阶段，多数设计师仍然选择纸笔来快速记录自己的创意。

理念草图的准备：一堆可以随意涂鸦的白纸（如很便宜的复印纸），几支顺手的铅笔、水笔或圆珠笔。

理念草图并不用于设计交流，只是留给设计师自己看的，重在激发创意，并不以完整性、形态、比例为评价标准。因此设计师在绘制理念草图时，完全不要在意草图的质量，速度和数量才是关键。

理念草图通过脑、眼、手、笔、纸的互动激发创意，是设计师一个人的脑力风暴。在理念草图阶段时，任何创意都应该被迅速记录下来，创意不需要深入，不需要研究可行性，但可以在原有草图概念基础上拓展生成新的草图。理念草图一般不大，有些甚至只有指甲大小，被称为指甲图（thumbnail sketch），因此一张纸上可以画很多。由于画草图的速度太快，设计师的关注点也仅仅在创意本身，所以理念草图往往是很粗陋的。不了解理念草图作用的人，看了很多著名设计师公开的草图之后，往往质疑他们的专业技能尤其是手绘能力，其实这只是一种误解。设计师最受公众关注的有两点：成功的产品本身和创意的产生。在向公众介绍自己成功的设计时，设计师最常被问及的一个问题就是：创意是怎么来的？因此，最初的创意记录——理念草图就被展示出来了。

理念草图只是设计的原始阶段，就像种子一样。设计师需要选出有发展潜力的理想的种子加以培育，种子的数量越多，设计师选择的余地也就越大。熟练的设计师一个晚上可以画满近百张理念草图，但仅有少数的几个方案会通过设计师的自我评估得以继续发展。

图11-1的左图是著名设计师马克·纽森（Marc Newson）在设计开瓶器时的一张理念草图，右图是最终的产品。图中可以看出，一开始设计师并没有限定自己的设计方向，而是从"开瓶"这个目的出发展开创意，探讨了不同开瓶方式的可能性。尽管理念草图看上去并不那么"专业"，但是最终的设计无论形态比例、材质搭配还是人机考虑都体现出成熟设计师的职业水准。

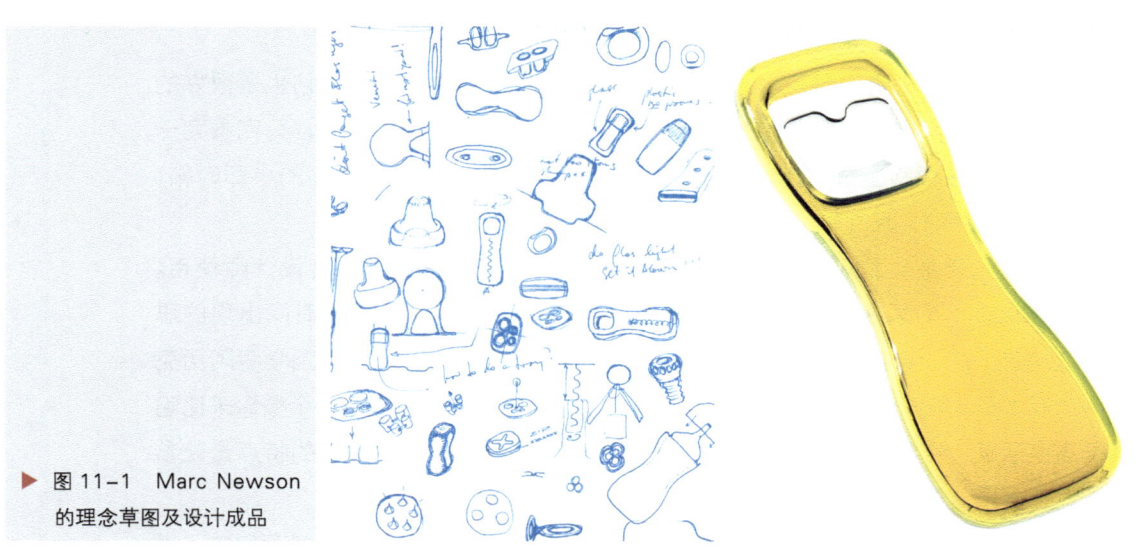

图 11-1 Marc Newson 的理念草图及设计成品

图 11-2 是著名设计师 Philippe Starck 的代表作外星人榨汁机（juicy salif）的理念草图。图中可以清晰地看出设计师创意的展开。该草图同样体现了理念草图快速粗犷的特征。

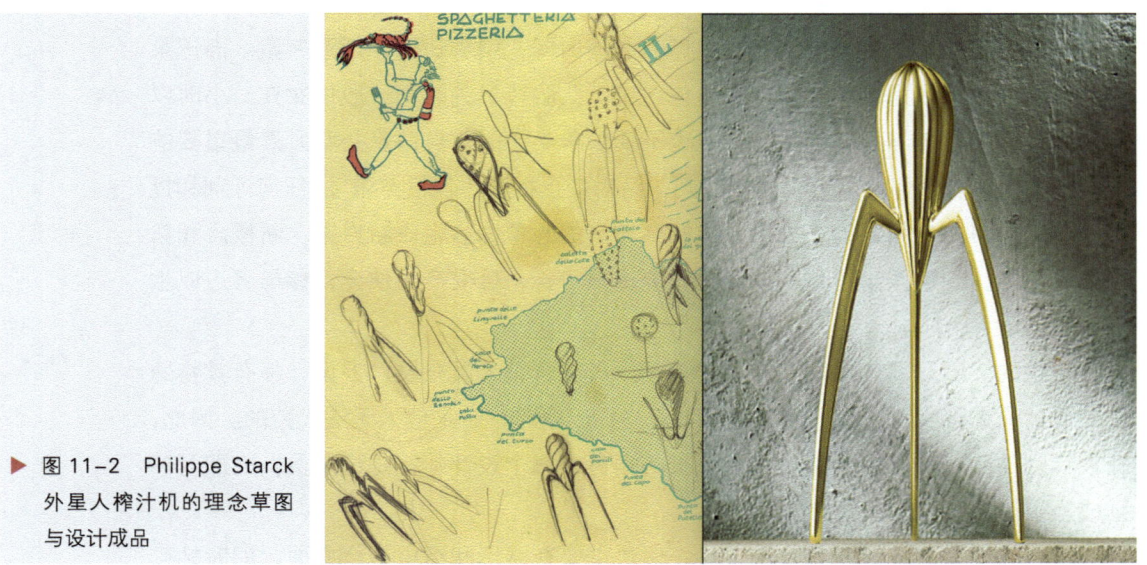

图 11-2 Philippe Starck 外星人榨汁机的理念草图与设计成品

二、即时帖风暴法

即时帖的英文名字是 post-it note，由 3M 的化学家 Spencer Silver 于 1964 年发明。Silver 在研究各种胶黏剂配方时，配制出了一种具有较大黏性，但却不易固化的新粘胶，使用它粘贴的东西，即使过了很长时间也能轻易地揭剥下来。现代生活中我们常常拿即时帖做备忘或便笺使用。

当设计师坐下来进行创意思维时，除了理念草图外，小小的即时帖也是很好的辅助工具。设计师将脑海中的信息一一唤醒、捕捉，写出来、画上去，写完画完一张立刻将其粘在白板上或墙上。设计师一般不会选择细长型、做标签的小即时帖，而是那种正方形的，尺寸较大的彩色即时帖。

即时帖风暴是头脑风暴（brainstorming）的一种形式，特别适合设计师使用。头脑风暴也称脑力风暴。"brainstorming"原指精神病患者头脑中短时间出现的思维紊乱现象，病人会产生大量的胡思乱想。现代创造学的创始人，美国学者阿历克斯·奥斯本于1938年首次提出名为"头脑风暴"的创意方法，借用这个概念来比喻思维高度活跃、突破常规从而产生大量创造性设想的状况。头脑风暴的特点是让参与者敞开思想，任奇思妙想相互碰撞，激发脑海的创造性风暴。

传统的头脑风暴法力图通过一定的程序与规则来保证创造性讨论的有效性。发起人需要将头脑风暴的议题提前几天告知与会者，议题可以具体也可以宏观、抽象一些。与会者应进行一些资料准备。在布置会场时，座位设置应适宜于讨论，如排成圆环形。头脑风暴的参加者一般以8人到12人比较适合，人数太多每人发言机会过少，而人数太少又达不到互相激发思维的效果。头脑风暴一般有一名主持人和一两名记录员，主持人应该能够把握主题，掌握时间，引导讨论，活跃气氛；而记录员除了即时记录创意要点外，也应参与讨论。头脑风暴的时间一般每次在一小时以内为宜，不要让参与者过分疲劳，但也不要少于半小时。自由是头脑风暴最重要的规则，不应该对任何设想进行当场评判，绝对禁止批评（包括自谦）。任何评判和批评都会破坏自由气氛，约束思维，限制参与者的想象力，阻碍新方案、新概念和新观点的生成。创意数量是头脑风暴的首要追求目标，量变产生质变，参与者应以生成最多创意为己任。

传统的头脑风暴方法很适合公司管理人员、营销人员开展，但设计师有其特殊性。设计师更喜欢以图示的方式解释创意，提出概念，这是他人无法代劳的。因此，在设计师的头脑风暴中，并没有记录员的角色，每个设计师都是记录员，而即时帖则成为设计师记录创意的首选工具。

即时帖作为头脑风暴的首选工具，优势主要在展示和组织两个方面。即时帖可以被迅速粘贴在白板或墙上，便于设计师展示自己的创意。白板（墙）上的即时帖像一面面旗帜，从视觉上激励着设计师自己和其他参与者以最快的速度产生创意，插上旗帜填补空白（图11-3）。随着即时帖越来越多，参与者的成就感也越来越强，这比传统的头脑风暴的激励效果更好。而即时帖方便揭下、可多次粘贴的特性使头脑风暴后的创意分类、编组工作也变得迅捷高效。

图 11-3　即时帖风暴

在进行即时帖风暴之初，发起人可以在白板上或者墙上明确讨论主题，并将板（墙）面大致划分出几个足够大的粘贴区域，分别针对设计的不同要素（如人、产品、环境）或产品的不同属性，但不应分得过细。接着，在主持人的引导下，小组进行集体创意，成员一有想法就立即写（画）在即时帖上，并贴到相应所属区域中，如果判断不定的就贴在一旁。在张贴的同时成员需要大声说出自己的想法。进行即时帖风暴时，虽然不应评判任何创意，但鼓励在他人创意基础上进行二次创意，提出自己的新想法。即时帖风暴结束后，设计师需要对即时帖进行整理归类，将相似或同一类型的创意粘贴在一起，最后再进行评估。

图 11-4 是浙江科技学院的学生进行的一次即时帖风暴。教师提前几天发给学生一台某品牌的豆浆机供学生试用，并要求学生收集关于豆浆机的次级资料。学生通过流程分析法进行亲身体验，对该豆浆机的优缺点有了初步的了解。即时帖风暴前，教师将学生分为三组，每组九至十人，每组推举一个主持人，在三个不同的教室中进行讨论（防止声音干扰）。各个教室中用来展示即时帖的墙壁被划为三个区域，分别针对豆浆机本身属性（形态、功能、结构、材质等）、豆浆机与人（操作、界面、交互、人机因素等）、豆浆机与环境（储存、回收、清洁等）。学生在一节课的时间中，提出了大量的奇思妙想。最后学生们将这些想法进行归类，如将"用黄色标注黄豆线，蓝色标注水线"、"用黄豆图案形成肌理表示推荐的黄豆量"、"用斜线表示黄豆量和水量"等想法放在一起，这些都是解决原有豆浆机缺少黄豆量提示的很好的创意。

图 11-4　教师指导学生进行即时帖风暴

即时帖风暴也有其不足之处，即时帖的体积较小，并不适合较大或者较复杂的图示。因此，在涉及空间、形态、结构等的具体设想时，设计师仍然会使用较大的纸（如 A4 复印纸）来作为辅助工具，表达创意。图 11-5 是 IDEO 设计团队进行头脑风暴的场景。

▲ 图 11-5　IDEO 设计团队的头脑风暴场景

三、曼陀罗法

头脑风暴法是一种高效的集体创意方法，但设计师常常需要独自进行创意，这时，曼陀罗法是很好的选择。曼陀罗法是日本今泉浩晃博士设计的一种有助于思维扩散的创意方法，也称九宫格法。今泉浩晃受到曼陀罗唐卡的启发，采用九宫格方式，将思考的主题写在九宫格的中央，然后把由主题引发的种种联想写在其余的八个格内。曼陀罗法从核心主题出发，通过填格，激励思维向多方向发展，是一个人的头脑风暴。

设计师使用曼陀罗法时应从设计物出发，激励自己从不同方向思考，填满方格，如果方格不够，可使用多张九宫格。接着设计师从每张九宫格外围的八个方格中选出具有发展潜力的，填在新的九宫格的正中，以此类推，使创意以几何级数增长，最终通过量变产生质变。

图 11-6 是一名学生在设计鼠标时使用曼陀罗法进行思考的例子。学生准备了若干张打好九宫格的白纸，先将"鼠标"填在九宫格的中心，然后展开创意。他填满八个格子后，觉得还不够，又使用了几张九宫格，中间仍然填上"鼠标"。在完成了多张以"鼠标"为中心的九宫格后，学生从外围的格子中选出了若干方向（如图 11-6 中的"滚轮"、"儿童"等），并以其为中心，生成新的九宫格，如此继续，到了学生感到疲惫的时候，大量的创意已经产生了。

第一节 快速展开创意的思维方法

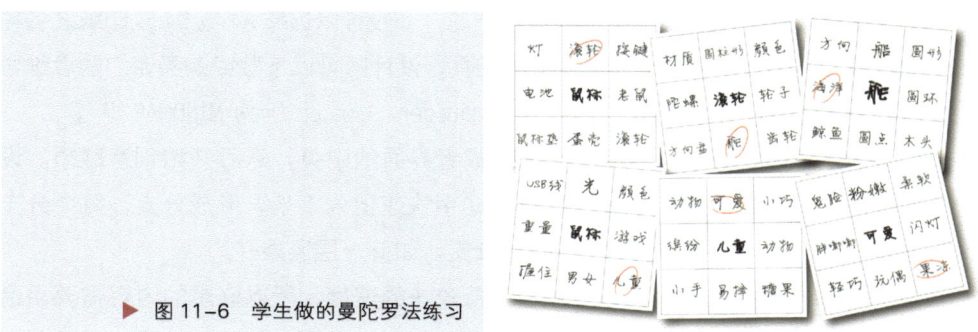

▶ 图 11-6 学生做的曼陀罗法练习

四、思维导图法

思维导图在不同的场合有多种称谓，如心智地图、心智导图、脑图、mindmap、mind mapping 等。思维导图最早是由英国的 Tony Buzan 博士发展出来的一种将思维过程平面展开为树状图或分类图的整理方法。与一般常见的笔记不同的是，思维导图将思维过程中的关键词以文字或者图形的方式记录下来，按照前后逻辑顺序组织起来，辅以图像、颜色、符号等方式最终生成直观清晰的关系图。思维导图法与曼陀罗法很相似，都在纸面上进行创意激发；但与曼陀罗法不同的是，这种方法不再限制在八个方格里，创意由中心词自由地向四周展开。

通过将形象思维转化为纸面上的词汇或者图形的过程，思维导图有效地记录并整理了我们自己的思路，随着创意点一层层展开，思维也像枝叶一样蔓延伸展，最后通过不同"枝干"的"嫁接"，往往还能挖掘出新的创意想法。设计师借助思维导图，围绕主题展开联想，并记录整理，能快速地开拓思维、激发创意。

思维导图的绘制方法（图 11-7）：

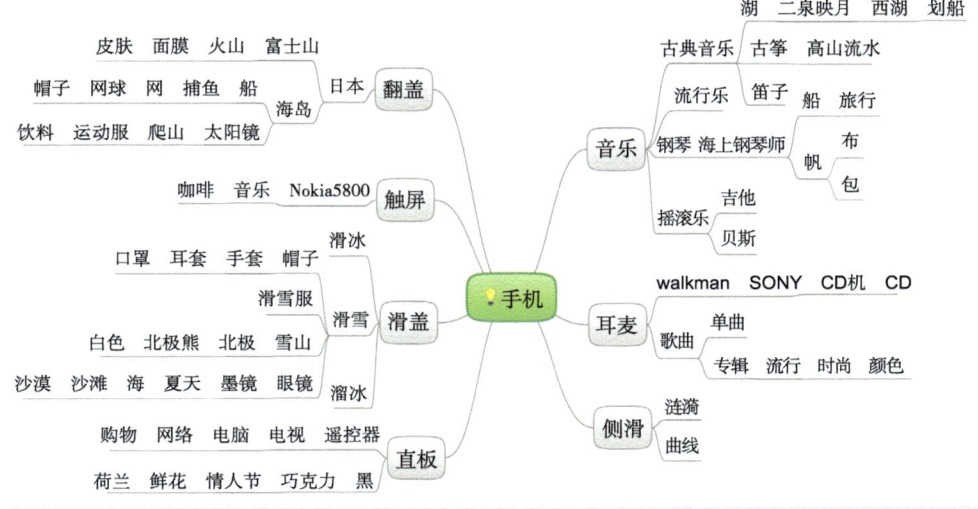

▲ 图 11-7 学生思维导图练习（使用 ConceptDraw MINDMAP 软件制作）

（1）准备工具，最简单的工具莫过于纸笔，一般可以选择 A4 或 B4 复印纸及各种颜色的水笔；电脑软件中也有非常方便的工具，设计师可以下载或购买专门的思维导图软件，如 MindMap（免费开源软件）、Mindmanager、ConceptDraw MINDMAP 等。

（2）选定主题，将中心词放置在纸张或者界面的中央，然后开始创意联想。设计师将脑海里闪现的围绕中心词的形象、文字快速记录下来，形成分支，每个分支作为进一步联想的小主题，又延展出新的分支，如此一层层展开。

（3）思维导图中为了激发创意必须保持较快的速度，所以联想的内容需要用最简洁的词汇或最简单的图形记录下来，如果此刻太在意形式美感，无疑将错过创意迸发的良机。

（4）每个联想出来的词汇或图形之间以细线或者箭头相互连接，以理顺逻辑关系，方便后期查看。

（5）在完成一个阶段的创意联想后，需要回到全局，检查各个小分支之间是否存在内在联系，是否可以组合成为新的创意。

五、联想游戏法

人类的思维有个有趣的现象：许多事情我们虽然知道，却想不起来。联想游戏可以帮助我们唤醒记忆，激活深藏在大脑皮层最深处的信息。

联想游戏可以分为文字联想和图形联想两种，文字联想较为简单。在通过联想游戏进行创意联想时，由于大脑会在个人记忆中来回搜寻相关联的线索（包括文字和形象），不同的人所联想到的信息往往千差万别，各具特色，并且随着时间的推进，会离一开始的主题越来越远。

不少人认为这样的创意方法，太容易脱离轨道，最终徒耗时间，而没有什么实质收获。其实，这正是这种创意方法的目的之一。在我们思考某个特定主题时，脑海中各种事物不断地涌现出来，但一般来说，这时思维的"半径"还是较为狭隘的，由于考虑的内容与主题直接相关，一些反常规、突破性的创意想法往往不容易产生。通过思维游戏，我们可以尽可能地扩大思维半径。心理学研究证明，在使用这种方法思接千载、神游万里的同时，最初的设计主题还是会在我们的脑海中存在残像，潜意识会帮助我们将这些天马行空的联想与主题连接起来，从而捕获灵感。所以在设计实践中，联想游戏是一种不可思议而又十分有效的创意方法。

其实我们生活中这类奇特的联想有很多很多。有一则笑话："如果大风吹起来，木桶店就会赚钱。"这是怎么回事呢？我们可以看看联想的过程：当大风吹起来时→沙石就会漫天飞舞→瞎子增多→琵琶师增多→越来越多的人以猫毛代替琵琶弦→猫会减少→老鼠增多→老鼠会咬破木桶→木桶需求量大增→木桶店就会赚钱。看看每一段联想都很合理，但是结论却令人诧异。在创意过程中，如果碰到思路不畅，自感江郎才尽时，使用联想游戏可能会使我们突破困境，拨开云雾见月明（图11-8）。

▶ 图11-8 学生的联想游戏练习

六、关键词与关键词意象拼图法

关键词（keyword）也称关键字，最早来自图书馆学。在整理书籍、文献时，工作人员除了列出书名、作者等出版信息外，还需要从摘要、章节标题及正文内容中提取出能表达文献主题的词汇，便于检索、查阅。现在，关键词不但普遍应用于书籍出版、论文发表中，更是互联网搜索资料的最有力工具。例如，人们在Google、百度等互联网搜索引擎中键入自己感兴趣的文字，搜索引擎可以在瞬间提供大量相关信息。

设计师可以通过关键词来明确设计主题，拓展设计创意。日本著名设计师深泽直人在《不为设计而设计＝最好的设计》一书中写道："我在思考设计时，会先找关键字；这个字越是直接，设计便越强有力。"

其实，关键词在本书中已经频繁出现在市场定位、品牌形象、产品形象、社会文化趋势、设计趋势、用户生活方式等内容中。在创意阶段，设计师需要对前期研究中归纳、提炼出来的能代表设计方向和主题的关键词进行汇总，并围绕关键词展开设计。如果前期出现的关键词数量过多，设计师应该进行分类和筛选，找出其中最具有代表性的关键词（图11-9）。

▶ 图11-9 关键词分类练习

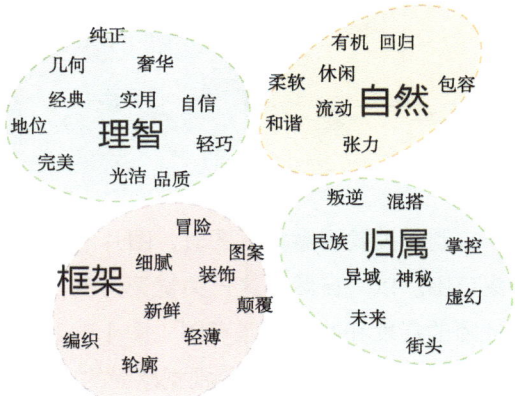

在本书前文部分已经介绍过多种意象拼图，如品牌意象拼图、产品意象拼图、社会文化趋势的意象拼图、设计趋势的意象拼图以及人物角色的生活风格图版等。这些意象拼图的制作比较直观，有明确的资料收集方向。而在创意阶段，设计师使用的关键词意象拼图则相对复杂一些。

关键词意象拼图也称为关键词联想图，设计师需要从设计研究中获得的关键词出发展开联想，寻找、收集与关键词表达意象一致或相近的各类图片和材料样本，制作拼图。传统的关键词意象拼图制作时多采取剪贴的方式，设计师将各种杂志和收藏的资料中与关键词意象一致的图片剪下来，自由地粘贴在准备好的卡纸上。由于时尚出版物非常多，很多服装设计师至今仍偏好这种方式，并会附上合适的面料样本（图 11-10）。而现在越来越多的设计师选择使用电脑来制作意象拼图。互联网上有许多资料图片，印刷品也可以通过扫描、拍摄的方式提取合适的图片而不受破坏，数码相机更是设计师搜集资料的随身法宝。设计师纷纷建立起个人的电子图库，这使资料的浏览、选择、整理、排版变得更加轻松。

◀ 图 11-10 服装设计师的意象拼图

制作关键词意象拼图时，图片的选择非常关键，设计师需要注意扩大图片的收集范围。以"自然"这一关键词为例，仅仅收集自然风光图片是不够的，这些对设计师的启发和帮助非常有限（图 11-11），还需要从建筑、服装等视觉领域进行资料搜寻，而具有"自然"视觉感受的产品资料更是收集的重点（图 11-12）。

▶ 图 11-11　效果不佳的关键词拼图

▶ 图 11-12　适宜产品设计师的关键词意象拼图

第二节　创意点重构

在设计前期，通常有两种情况会成为推进设计的瓶颈，首先是找不到好的创意点，其次是在有了好的创意点后，无法整理出清晰的设计思路。前面介绍的即时帖风暴、曼陀罗法、联想游戏、思维导图等展开创意的方法有助于设计师搜寻、挖掘创意点；而本节介绍的创意点重构方法则通过对创意素材的重构，帮助设计师突破程式化思维，获得全新的设计思路。

一、转用

除了现有的使用方式外，是否还有新的用法？

沙发是每家每户常备的坐具。一般的沙发功能比较单一，仅可供坐着或斜躺。但有时，我们还给沙发派上了其他用途，比如家里来了客人缺少客房时，沙发可以充当临时的床。可是一般的沙发睡起来并不舒服，因此很多厂商开发出了沙发床，通过翻折，沙发可以变成一张舒适的床（图11-13），不但可供客人临时使用，也非常适合单身公寓等小居室空间。而图11-14所示沙发床的设计思路更为独特：沙发不但可以当床用，通过折叠和翻转甚至可以拥有上下两个床位！

◀ 图11-13 较常见的沙发床
▼ 图11-14 上下铺沙发床

弹簧是人们熟悉的机械元件，其功能一般用来控制机件的运动和缓和冲力。意大利设计大师 Achille Castiglioni 在为 Alessi 设计烟灰缸时为弹簧设置了令人意想不到的功能——夹住香烟（图11-15）。

◀ 图11-15 Achille Castiglioni 设计的烟灰缸

二、模仿

从相似物或者相似属性中寻找灵感。

设计师除了可以师法自然，进行仿生设计外，也可以从人们熟悉的人造物或情境中获取灵感。人们习惯于将重要的照片通过相框陈列，传统的相框一般只适合放置一张照片，难免有些单调，照片也会随着时间的流逝变黄变旧，更换起来也稍显麻烦。由于数码相机的普及，成本低廉、便于修饰和保存的数字相片已经取代了传统胶卷。但数字相片必须被冲印出来才能放入传统相框，无法显示其优势。近年来各大电子厂商针对人们对传统相框的重视和喜爱，纷纷推出了电子相框（图11-16），通过液晶屏来显示相片，人们可以对照片进行缩略图检索、拼贴和幻灯片播放。

法国著名设计师Philippe Starck在设计马桶刷时从刷马桶的动作和心情中捕捉到灵感，他觉得刷马桶就是在与马桶做战斗，从而联想到古代的重装骑兵，并从骑兵的长枪中提炼出马桶刷的形态（图11-17）。

▶ 图11-16 电子相框
▶▶ 图11-17 Philippe Starck设计的马桶刷

三、变更

尝试着去改变定义、颜色、动作、气味、形状等要素。

在惠尔浦（Whirlpool）的微波炉概念设计项目中，德国设计师James Irvine改变了传统微波炉炉门的开启方式，由横向手动开启改为烹饪结束后纵向自动升起，并且在微波炉上集成了FM收音功能（图11-18）。另外一位德国著名设计师Konstantin Grcic则完全颠覆了传统微波炉的造型和使用方式，他发现厨师在烹饪时习惯凭借菜肴的视觉变化和香味来判断火候，而传统的微波炉无论在视觉或者嗅觉上都很难反映出这些变化。他因此设计出一款符合人们烹饪习惯的微波炉，顶部的金属网罩既隔绝了微波，又方便了烹饪者闻香观色（图11-19）。而惠尔浦公司的设计师 Mario Fioretti 则考虑到人们外出携带的需要，设计出了像挎包一样便携的微波炉，改变了人们对微波炉的传统认知（图 11-20）。

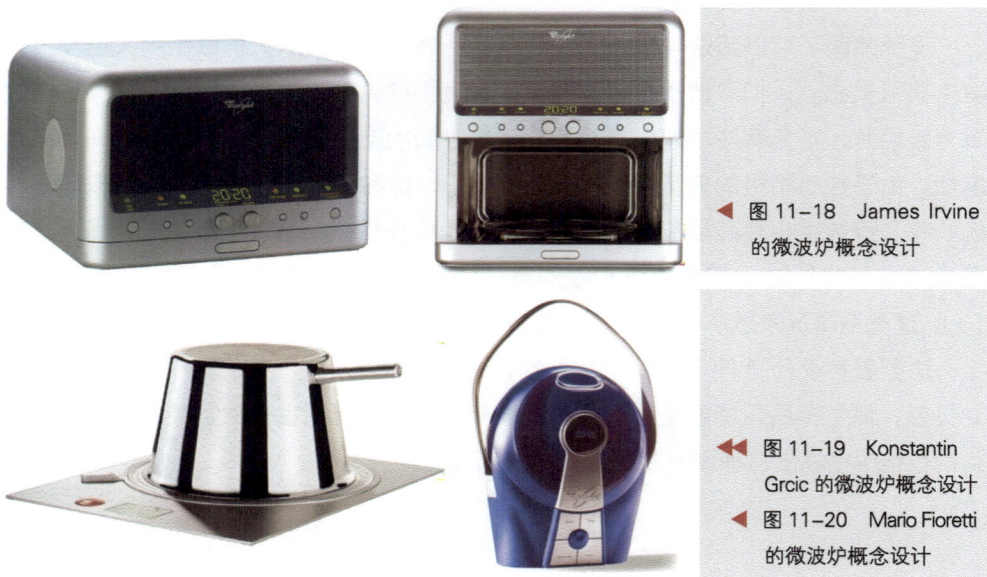

◀ 图 11-18　James Irvine 的微波炉概念设计

◀◀ 图 11-19　Konstantin Grcic 的微波炉概念设计

◀ 图 11-20　Mario Fioretti 的微波炉概念设计

美国设计师 Karim Rashid 设计的国际象棋改变了传统国际象棋的颜色、材质、棋子形状，甚至将国际象棋的棋盘方格也改为红色和绿色相间的圆点。这款国际象棋少了些传统和严谨，却多了些休闲和时尚气息，更适合年轻一族使用（图 11-21）。

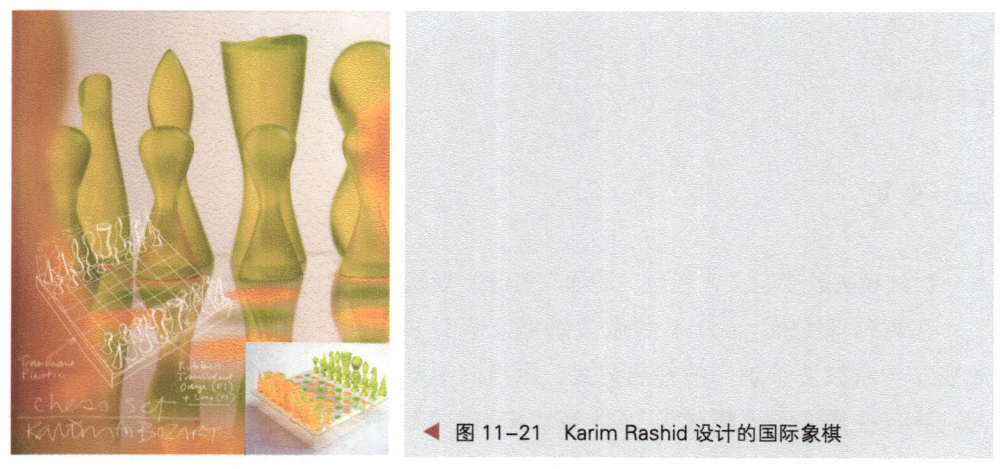

◀ 图 11-21　Karim Rashid 设计的国际象棋

开关是人们生活中最常见的电器元件之一。无论是拉线开关还是按键、旋钮、触摸开关，其操作方式都早已为人熟知，但图 11-22 所示的开关却依靠弯折来开启、关闭，使用起来有趣而方便。

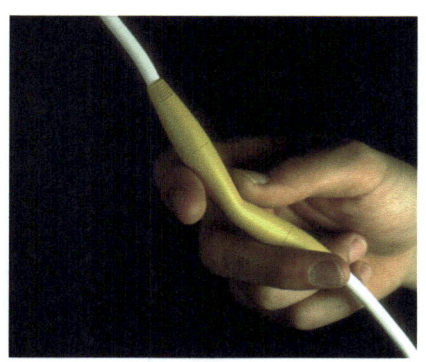

▶ 图11-22 弯折开关

四、扩大

使物体整体或者局部变大、拉长，增加频率，延长时间。

瑞典女设计师团队 Front Design 设计的"Big Cushion"沙发和传统的沙发造型大相径庭，每款沙发都像是一个巨大的靠垫（图11-23）。观者在惊奇之余会觉得这样的设计非常自然，靠垫和沙发具有相似的属性，二者都柔软舒适，都能供人休息，而且二者还经常同时出现，靠垫放大后自然就成了沙发。

▶ 图11-23 Front Design 设计的沙发

Gufram 公司在 2008 米兰设计周上展出了由 Studio 65 设计的 Bocca 沙发的最新款（图11-24）。该沙发诞生于20世纪70年代，是意大利标志性设计之一，整个沙发就像一放大的红唇。最新的黑色款还添加了唇环为装饰元素，使得沙发的时代感更强。

▶ 图11-24 Bocca 沙发

Philippe Starck 设计的这款电话机突破了常见电话机的比例，夸大了听筒和底部，在加强语意提示、便于竖立的同时带来了强烈的视觉冲击（图11-25）。

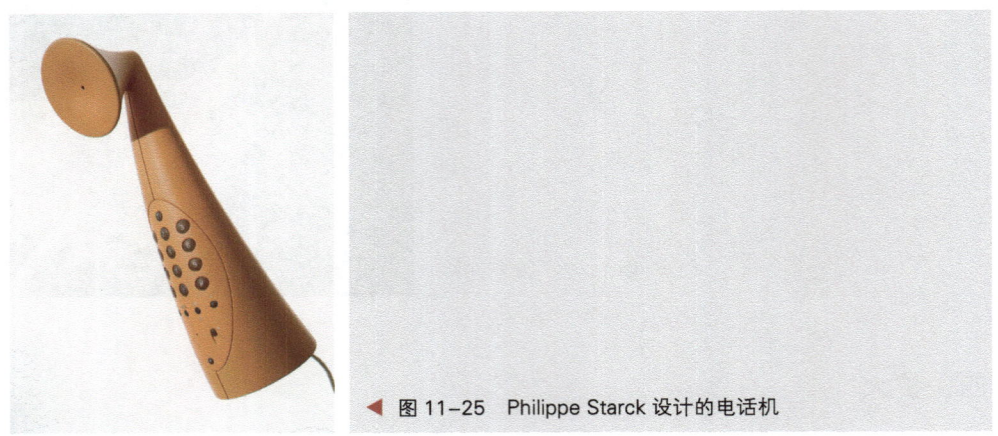

▸ 图11-25 Philippe Starck 设计的电话机

五、缩小

减小体积或者长度，使产品变轻、时间变短。

图11-26是第2届无印良品设计比赛（MUJI Award 02）的金奖作品，该设计的目的是将用旧的大毛巾（浴巾）再次利用。设计师在浴巾上设置了竖直和水平的隔条，隔条上没有毛，因此剪开后也不会掉线。用户可以在浴巾用旧之后沿着隔条将其剪开成为垫脚巾或者更小的抹布，使浴巾得以二次利用。

▸ 图11-26 MUJI Award 02 金奖作品：毛巾

用户总是希望随身携带的产品在不影响使用的情况下尽可能小巧轻薄，因此减小便携式产品的体积和重量一直是设计师努力的目标。苹果公司最新第三代的 iPod shuffle 是有史以来体积最小的 iPod，尺寸为 45.2×17.5×7.8 mm，重量仅为10.7克，整个产品工艺完美，细节极其考究，就像一件小巧精致的首饰（图11-27）。在 iPod 神话诞生之前，磁带随身听曾经风靡一时，SONY、松下等诸多厂商也尽力将随身听做小做薄，但总是受到电路元件和磁带大小的限制，体积会比磁带大一圈。图

11-28 所示"museman"随身听的设计者则另辟蹊径，突破了随身听要将磁带完全裹在里面的思维定式，将机身真正最小化。

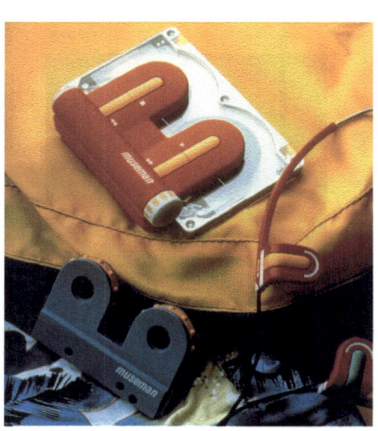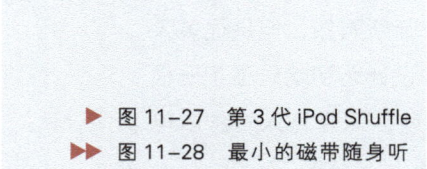

▶ 图 11-27 第 3 代 iPod Shuffle
▶▶ 图 11-28 最小的磁带随身听 museman

法国著名建筑设计师让·努维尔（Jean Nouvel）为 Molteni 公司设计的"Skin Sofa"可能是世界上最轻的真皮沙发了。"Skin Sofa"从正面看仍然维持着沙发的常见形态，而从侧面可以看出，沙发的内部完全被设计师移空，整张沙发的表面就像一张皮一样悬挂在钢骨之上，而几何切割的纹路在光照下投出的斑驳之影使沙发的内空间充满神秘之美（图 11-29）。该设计荣获 2008 红点奖产品设计最高奖（best of the best）。

▶ 图 11-29 让·努维尔设计的 Skin Sofa

六、代用

产品有哪些元素是可以被取代的？材料可以更换吗？

法国年轻设计师 Ora Ito 为荷兰著名啤酒品牌喜力（Heineken）设计了一款酒瓶，使用拉丝铝为材料，替换了原有酒瓶的玻璃材质，产品投产后大受欢迎（图 11-30）。Philippe Starck 在 2008 米兰设计周上展出了透明的中式圈椅，其月牙扶手材质迥异，使人过目难忘（图 11-31）。

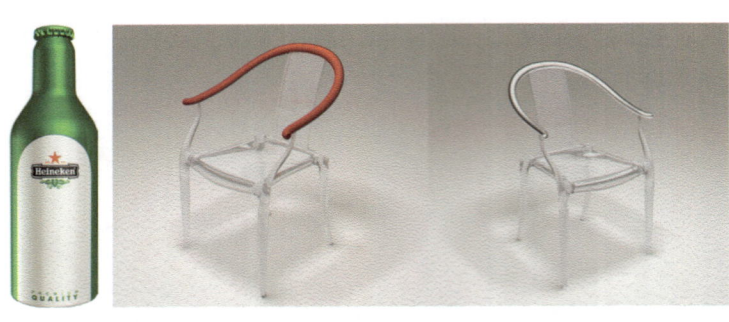

◄◄ 图 11-30　Ora Ito 设计的喜力啤酒瓶

◄ 图 11-31　Philippe Starck 设计的透明圈椅

日本设计师深泽直人设计的壁挂式 CD 播放器早已为设计师所熟知，但是很多人并没有注意到该 CD 播放器在开关设计上的巧思。深泽直人在设计之初就只画了一根拉线开关，但是如果要增加一根电源线，整个效果会大受影响。深泽直人转念以电源线取代了开关的拉线，为该设计增添了画龙点睛的一笔（图 11-32）。

Front Design 在其设计中也大量地使用了代用手法："Table by Insects" 别出心裁地以沾有白色油漆的甲虫来代替设计师，在红漆的桌体上生成自然的图案装饰（图 11-33）；更令人拍案叫绝的是名为 "Reflection Vase" 的花瓶，表面的装饰以捕获的反射图案替代，反射图案和真实的反射混合在一起，仿佛在诉说花瓶的历史，引人遐思（图 11-34）。

▲ 图 11-32　深泽直人设计的 CD Player
▼ 图 11-33　Front Design 设计的 Table by Insects
▼▼ 图 11-34　Front Design 设计的 Reflection Vase

七、置换

将熟悉的形式、结构安置在貌似无直接关联的产品上，替换掉该产品的整体或者局部；或者从人们熟悉的产品上抹去其识别特征，从而达到"意料之外、情理之中"的效果。

深泽直人观察到人们有时不得不将包放在地上，导致包的底部变脏，而且有些包还无法立起。他由此设计了一款名为"Sole Bag"的包，包的底部以流行休闲鞋的鞋底代替，整个包既新奇又实用（图11-35）。

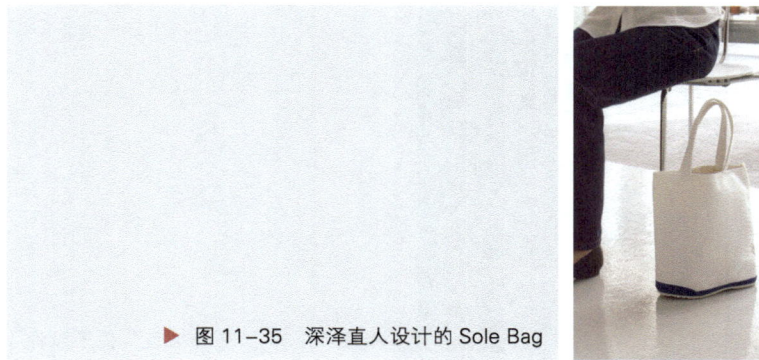

▶ 图11-35 深泽直人设计的Sole Bag

Front Design设计的"Tree Lamp"以枯枝置换了落地灯的灯杆（图11-36）。英国设计师Jasper Morrison设计的"Three Green Bottle"红酒瓶，与一般的红酒瓶的差别仅仅在于软木塞所在的瓶口位置。设计师把瓶口加热压扁，从而抹去了红酒瓶最大的识别特征，创造出既有全新感觉又维持着红酒瓶原有姿态的产品（图11-37）。

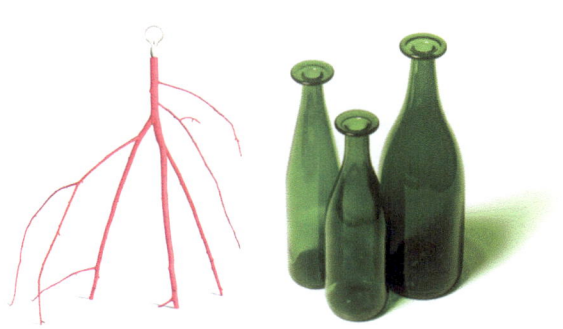

▶ 图11-36 Front Design 设计的 Tree Lamp

▶▶ 图11-37 Jasper Morrison 设计的 Three Green Bottle 红酒瓶

遥控器是现代家庭中的必需品，但是遥控器上太多的按键连成人都觉得困惑，小孩使用起来就更困难了。而这个由Ha-Yeon Yoo设计的折纸电视遥控器（Origami TV Remote Control）（图11-38）通过软件和传感器把孩子们熟悉的折纸玩具变成了遥控器，使小孩操作起来分外亲切。

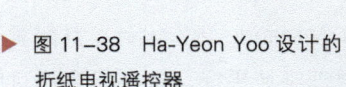

▶ 图11-38 Ha-Yeon Yoo 设计的折纸电视遥控器

图 11-39 是学生设计的一款椅子，设计者将二胡的特征造型设置在椅背上，取名为"弦外之音"，为椅子带来了几分清雅韵味。

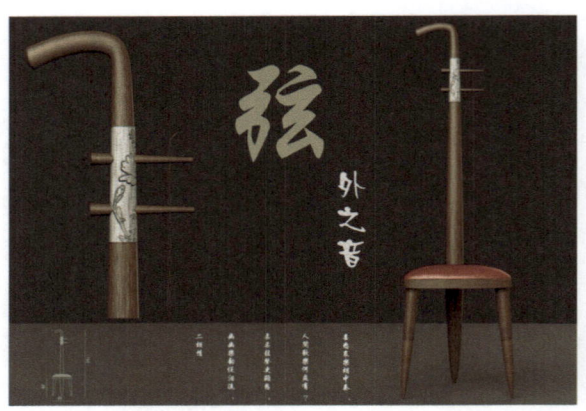

◀ 图 11-39 "弦外之音"椅子设计
（设计者：顾嫣雯，沈孝容）

八、逆转

改变、颠倒物体的位置和方向；从视觉上打破物理定律；平面的立体化，立体的平面化。

Front Design 设计的"Materia hanger"衣帽架大胆地将传统木制衣架倒过来安置在衣帽架的顶部，倒置并呈圆周分布的木衣架自然形成内外两圈挂钩，维持着良好的挂衣帽功能（图 11-40）。

◀ 图 11-40 Front Design 设计的 Materia hanger 衣帽架

Ipogeo 工作灯（图 11-41）由 Joe Wentworth 和 Artemide 合作设计，其配重不是放在底座上，而是放在灯杆的另一头，通过杠杆原理维持平衡，这使得底座可以很轻,操作起来也很方便。

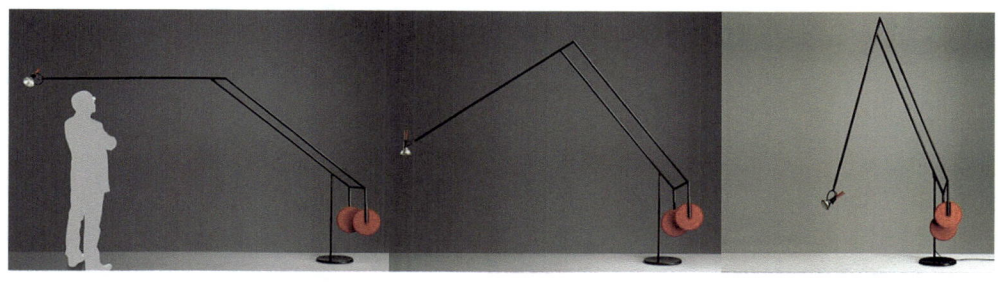

▲ 图11-41　Ipogeo 工作灯

2008年的米兰设计周上展出了由日本著名设计师吉冈德仁(Tokujin Yoshioka)为施华洛世奇(Swarovski)公司设计的一套透明的带装置意味的坐凳。坐凳内镶有巨大的水晶钻,钻石像失去重力一样漂浮在凳中,熠熠生辉、璀璨迷人(图11-42)。同样还是与钻石有关,在华裔设计师Tobias Wong设计的两款钻戒上,钻石并没有像常规钻戒一样镶嵌(图11-43)。左边的戒指上,钻石镶嵌的方向相反,暗示着:"爱情和承诺可能成为伤人的武器,"而右边戒指的钻石镶嵌在戒指内侧,平时戴着根本看不出这是一颗钻戒,暗示着:"爱情的甜蜜只有自己知道。"

▲ 图11-42　吉冈德仁设计的施华洛世奇凳　　▲ 图11-43　Tobias Wong设计的钻戒

由Büro für Form设计的"Flapflap"灯仿佛被施了魔法一样浮于桌面,其实那看似柔软的电线之中藏有钢骨(图11-44)。法国设计师Arno设计的"Alum台灯"(图11-45)和英国设计师Alexander Taylor设计的折叠灯(图11-46)不谋而合地将灯的立体形态转化为平面形态,仅仅保留了灯的剪影形状。而Studio Bility设计的"Flower Chair"(花椅)(图11-47)和Frank Tjepkema设计的"Signature Vases"签名花插(图11-48)则反其道而行之,将平面的图案和签名拉伸成为立体的坐椅和花插。

▲ 图 11-44　Büro für Form 设计的 Flapflap 灯
▼ 图 11-45　Arno 设计的 Alum 台灯
▼▼ 图 11-46　Alexander Taylor 设计的折叠灯

▲ 图 11-47　Studio Bility 设计的 Flower Chair
▼ 图 11-48　Frank Tjepkema 设计的 Signature Vases 花插

九、结合

考虑形体、功能的整合、混合、组合。

美国著名设计师 Marc Newson 为耐克（Nike）公司设计的休闲鞋由内外两个部分组成，每个组成部分都可以独立使用（图 11-49）。外层鞋适合沙滩或者雨天使用，内层鞋适合开车时使用，组合在一起后使用的场合更广。

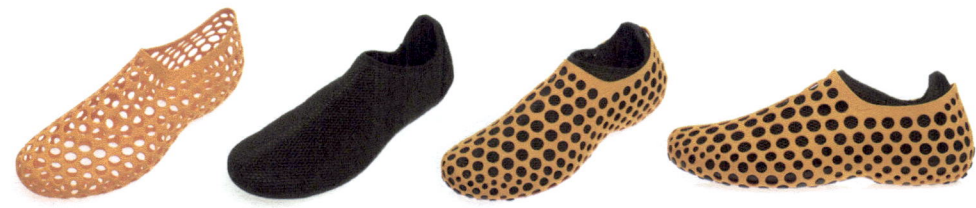

▲ 图 11-49 Marc Newson 设计的 Nike 鞋

德国著名设计师 Konstantin Grcic 注意到人们把衣服从衣架上拿下来后往往都要用刷子来清洁一下。因此他在进行衣架设计时，在衣架的一边安上了刷子，由于安有刷子的一边偏重，设计师又将挂钩的位置进行了相应调整，以保持平衡（图 11-50）。

▲ 图 11-50 Konstantin Grcic 设计的衣架

设计师 Paul Hernon 设计的"Vertebrae"卫生间的组件包含了两个淋浴器（成人和小孩用）、一个水箱、两个储物格、一个洗手池和一个马桶，中心的旋转轴将组件串联起来，形成了这套卫浴设备的"脊柱"（图 11-51）。

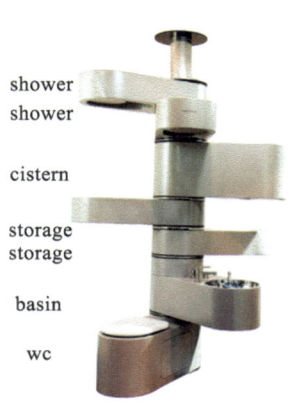

▲ 图 11-51 Vertebrae 卫生间

图 11-52 是学生设计的茶几，设计者巧妙地将中国象棋的棋盘和茶几的台面结合在一起，既丰富了视觉效果，又可供人闲时对弈。

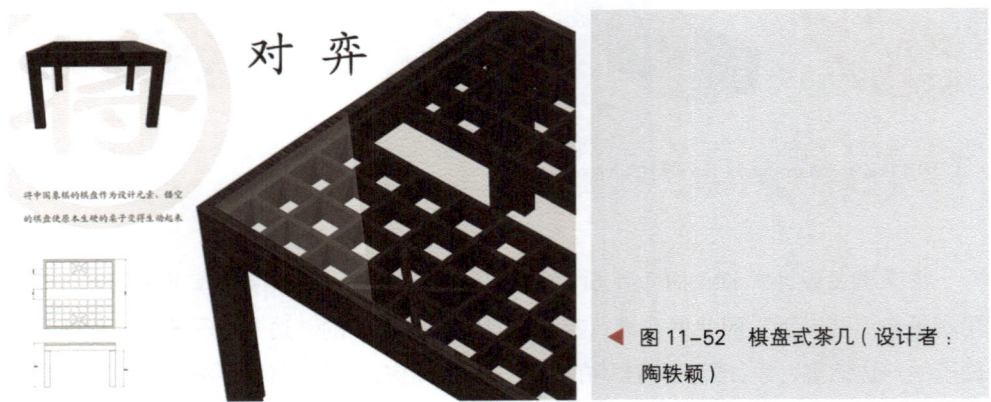

▲ 图 11-52　棋盘式茶几（设计者：陶轶颖）

练习题

- 主题："交流"。
- 适用年级：工业设计专业本科二年级及以上，建议个人进行。
- 规格要求：以"交流"为联想的核心，利用曼陀罗法或思维导图法进行概念联想，结合自己的经验和兴趣，设定设计主题并寻找合适的关键词，制作关键词意象拼图。
- 参考时间：165 分钟（人均 120 分钟收集整理制作，45 分钟组织课堂讨论）。
- 分析："交流"是个动词，也是个名词。作为动词，可以把它理解成情绪和情感上的沟通，也可以把它理解成行为之间的互动。这些"交流"可以发生在个体与个体之间、个体与群体之间、群体与群体之间。所以，在第一轮联想得到的关键词可以是描写情绪的，如"孤独"、"失恋"、"快乐"等；也可以是一些行为，如"分享"、"聊天"、"肢体语言"等；还可能会从发生关系的个体或群体出发，如"孕妇与胎儿"、"异地的恋人"、"小区的老人们"、"探监的亲人"，等等，甚至可能是自己和自己，如"和过去的自己"、"和未来的自己"。作为名词，我们可以联想一些与之有关的物品，如"QQ"、"电话"、"留言"、"信鸽"、"相册"、"博客"等。

第十二章
快速有效的设计方法

▶ 学习目的与要求：

  本章主要针对目前设计流程中可能存在的问题介绍了几种快速有效的设计方法。要求学生了解 IDEO 设计公司的设计创新流程，熟练掌握剧本导引设计方法，理解以原型构建为核心的设计方法，了解前田约翰的"简单法则"方法理论。

▶ 重点：

  IDEO 的设计创新流程、剧本导引设计方法、以原型构建为核心的设计方法、简单法则。

▶ 难点：

  剧本导引设计方法、以原型构建为核心的设计方法。

第一节　设计流程中的常见问题与 IDEO 设计创新流程

  在我们的设计实践与设计教育中，要完成一个设计一般需要经过如下的设计流程（图 12-1）：

  1. 设计定义：确定设计的目的以及设计的技术要求与指标。

  2. 设计分析：对现有的产品（针对改良或改进设计）或潜在的用户需求（针对创新设计）的评估与分析。

  3. 设计研究：调查研究该领域或相关领域内类似设计的解决方案。

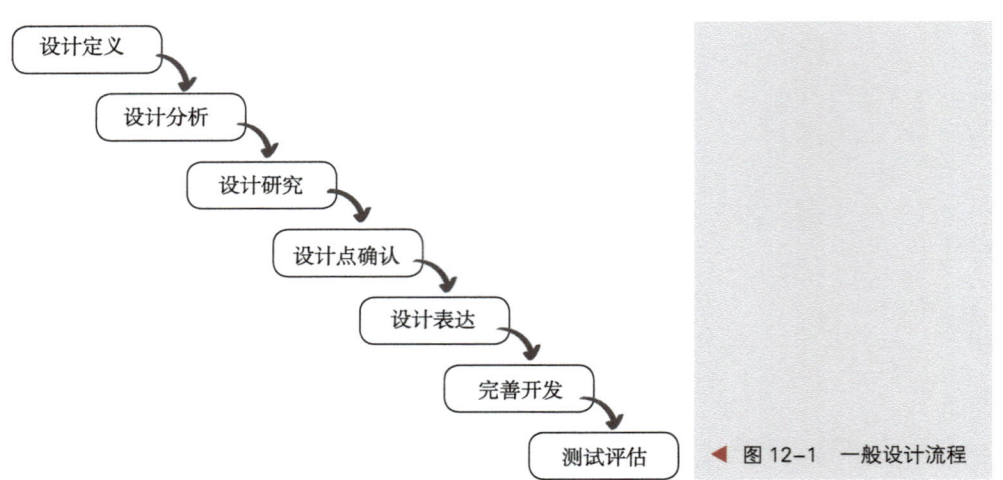

图 12-1　一般设计流程

4．设计点确认：详细说明设计中的具体要求，提出设计概念与具体的设计方案文本。

5．设计表达：通过视觉化语言、工具或者通过构建实体模型来表达设计方案。

6．完善开发：在已有的设计方案上继续细化设计，深入完善各方面的可行性。

7．测试评估：对最后的设计提案进行测试与评估，决定是否量产。

以上这种看似规范详细的设计流程，在很多经验丰富的设计师眼中，可能仅能作为参考。为什么这种环环相扣看似有着合理逻辑关系的设计流程往往不能在设计实践中按部就班地展开，也往往不能成为设计创新的驱动力呢？原因有如下两点：

其一，线性发展。在我们一般的认识中，设计往往是一步步递进发展的，很多设计团队还会在各个不同的阶段设定一些评估的机制，以保证各设计阶段的工作质量和整个设计的方向。但是正如加拿大传媒学家马歇尔·麦克卢汉（Marshall McLuhan）所言："只注重逻辑思维、线性思维的人再也行不通了，电子时代的人应该是感知整合的人、整体思维的人、整体把握世界的人。"在设计中，整体思维同样需要受到重视，设计过程应该是动态的、非线性的过程，这里充满了未知与挑战。设计师必须能在众多限制条件中，找到合适的方向。

其二，条块分工。线性发展的必然结果是条块分工，每个设计环节都会造就一批狭隘的专家。专家们总是容易过于突出自己专业局部的考量而忽略通观全局。这种情况一旦产生，那么多学科交叉的新设计趋势必然变成各学科自说自话的传统设计分工了。虽然我们常常把富于创意产出之地称为"创意工厂"，但是创意活动本身是不能用流水线式的方法来生产、制造的。保持创意活动的自由度，应该符合一切艺术创造规律。

为了避免设计流程中的上述问题，以创新著称的 IDEO 设计公司针对每个项目的特点将不同领域内的专家、工程师与工业设计师混合编组，组成多学科合作的各个专

案小组以避免条块分割,并提出了自己的产品创新设计流程,其大致可以分为五个步骤:

其一,了解(understand)。通常在设计初期,IDEO的设计师们会认真研究以认清市场、客户、技术以及问题本身的限制,并针对这些限制提出质疑。

其二,观察(observe)。观察人们的实际生活状况找出真正引发这些状况的原因:他们困惑、喜欢或者讨厌哪些事?他们潜在的需求是什么?

其三,视觉化(visualize)。把全新的概念和这些概念产品的潜在用户视觉化,这也是整个创新过程中最花脑力的阶段。虽然IDEO每年制造上千种原型和实体模型,但要将概念产品视觉化通常得借助电脑描绘或模拟。IDEO的团队会针对新产品利用人物角色和脚本安排剧情,呈现顾客实际使用的情景体验。甚至在产品问世以前,会摄制影带描述使用这项未来产品的生活场景。

其四,评估与精练(evaluate and refine)。在短时间内不断重复评估和改进原型。IDEO认为第一次制作的原型不要太讲究,因为势必要做修改。改善方案需要征求内部团队、客户和其他领域专业人士以及目标市场消费者的意见,留意哪些地方符合客户需求,哪些地方会造成客户的混淆,哪些地方又是客户喜欢的,以作为下一次修正产品的参考。

其五,执行(implement)。将概念产品化,使产品面市。这个阶段不但漫长,而且发展过程常面临技术瓶颈。

对应IDEO的设计流程,本书在前面的章节中重点介绍了"了解"和"观察"阶段相应的设计方法,也详细介绍了各类意象拼图、用户角色模板、理念草图等"视觉化"内容。本章即将介绍的剧本导引设计方法是对"视觉化"内容的合理补充,而以原型构建为核心的设计方法则是"评估与精炼"阶段的重要内容。

第二节 剧本导引设计方法

一、什么是剧本导引设计

传统的设计模式多以设计师的视角出发来研究设计、推敲产品,忽略了设计师与用户之间在产品认知上的差异,其结果往往是设计师花很大工夫设计的产品,上市后用户却并不满意;在产品越来越丰富的今天,如何发现用户潜在的需求,设计出用户真正想要的产品是设计师们关注的焦点。本书在前面若干章节中,陆陆续续介绍了很多市场研究、用户研究及创意设计方法,但是如何将这么多方法的研究成果融入设计,指明设计方向?就目前的设计研究和设计实践来看,剧本导引设计方法是行之有效的。

剧本导引设计法（scenario-oriented design），也被称为情境故事法，是"透过观察体会用户生活情境来引导产品开发"的产品设计新方法，即在设计初始阶段，便从未来用户使用产品的情境入手，通过体验用户所在的生活情境，设想该情境中产品可能会扮演的角色及各种可能出现的情况，从而帮助设计师体验产品未来使用的情境，以用户的认知模式感受不同用户的各种行为方式与使用习惯，有利于团队沟通；不仅如此，剧本导引设计法还可以帮助设计师将设计原型放入相应的剧本情境中检验设计结果是否达到预期的各项设计指标。

剧本导引设计法最早被应用于人机交互设计（human-computer interaction，简称 HCI），典型的例子是英国 ID TWO 设计公司（即后来合并为 IDEO 的三家设计公司之一）利用剧本导引设计法为施乐公司开发复印机面板。经过诸如 IDEO、IBM、Fitch、Philips Design 等著名设计机构多年的应用、研究与推广，剧本导引设计现在已经发展完善为一整套行之有效的设计方法。特别是作为该方法重要推手的 IDEO，在其产品创新设计过程中，从笔记本电脑、网络设备，到迷你心脏血管检测仪器等，均以"剧本导引设计法"作为诱发创意、推进创新的主要设计方法。正如 IDEO 设计公司的汤姆·凯利（Tom Kelley）在其《创新的艺术》一书中所提倡的：为了找出问题所在，IDEO 不是访问专家，而是追本溯源，实际观察产品的使用者，或发展产品的潜在使用者……这才是创新和改良产品重要的第一步。

二、剧本导引设计法的使用

在使用剧本导引设计法进行设计时，一般可以从四个方面构建剧本要素，分别是"主角"、"情境"、"产品"和"行为动作"。其中"主角"要素运用本书第九章"构建人物角色"中介绍的方法可得到；"情境"要素一般包括微观情境（用户所处的具体时空场景）与宏观环境（市场定位、技术限制、社会文化趋势等）；"产品"是设计师提出来的设计概念（当剧本导引用于设计验证时，"产品"也可以是设计过程中构建的各种原型），当概念不受技术束缚时，"产品"也被戏称为"魔法道具"；而"行为动作"是将"情境"、"产品"和"角色"串联起来的故事情节，需依靠设计师对用户的观察和了解，加上设计师的想象力来编写、设定，这也是剧本导引设计法的重点。

使用剧本导引设计法的具体步骤是：

（1）选取合适的人物角色作为剧本导引设计中的"主角"。"主角"应该拥有完整的"人物角色模板"，并应该为其建立"人物角色意象拼图"。剧本编写者必须对"主角"非常了解，不可以在没有进行用户研究的基础上随意设定。

（2）为"主角"设定故事发生的微观情境，包括具体的时间、地点，比如上午 7

点的火车站、中午 1 点的咖啡店等。

（3）设定"主角"的特定需求或者遭遇的困境。

（4）最后再设定"主角"使用了"产品"或"魔法道具"后是如何满足需求或解决问题的。这是剧本导引设计法中最重要的步骤，也是全剧的高潮所在，描述应该符合"主角"的行为特点，并且需要考虑到每个动作，只有这样才能使设计也变得具体。

Philips Design 在"Music Flow"（音乐流动）项目中使用了剧本导引设计法来开展设计。这个项目从欧洲收集了很多资料，选择了包括从出生 5 个月大的婴儿到老人的不同年龄阶层的 12 类人进行研究，并为每类人构建一个人物角色，探索人们在未来怎样创造、共享和体验音乐媒体。设计团队为每个人物角色设定了剧本故事，这些故事揭示了人们怎样通过不同的方式来体验同一技术带来的好处。Philips Design 从这些剧本中归纳出 4 个策略方向，每个方向是一种不同的体验，这 4 个方向分别是：

（1）创造性的媒体（creative media）：计算机的运算速度越来越快，强大的数字工具使人们不光享受媒体还创造属于自己的媒体。趋势：从接受媒体到创造媒体。

（2）社会的媒体（social media）：新的交流方式和共享媒体通过网络改变了传统的音乐业。趋势：从线性的广播式媒体变成媒体共享和交流。

（3）我的媒体（my media）：人们接收、组织和保存数字信息，很多公司开发新的数字玩意来帮助人们实现个性化的数码生活。趋势：选择自己需要的媒体信息来实现个性化的媒体。

（4）感观的媒体（sensorial media）：新的数字标准拓展了音乐的形式和使用方式，相比技术而言，和媒体接触的方式显得更加重要。趋势：媒体会以更吸引人的交互方式存在。

由于篇幅所限，这里仅选择了两个剧本进行介绍：

剧本 1：流动豆荚（Flow Pod）

主角：Mark 是一个 29 岁的图形设计师，居住在乌得勒支（荷兰）。作为一个自由设计师，Mark 处于一种移动的生活中，他喜欢能使他随时随地享受媒体的产品。（建立 Mark 的人物角色模板和人物角色意象拼图）

情境：下午 4 点的咖啡店里。

需求：Mark 总是处于移动状态，他的媒体生活需要一个灵活移动的解决方案，他希望能够带着他收集的音乐往来于客户和居住地之间。他时间紧张，需要以简单的方式在不同的情况下享受音乐媒体，他希望有一个个人的设备来整理他的音乐，这个设备应该是易于操作的、一点即通的。

故事：在离开客户回家的过程中，Mark 来到他特别喜爱的音乐基地，他喜欢在一天的工作后到咖啡店放松一下，并且看看有什么新的音乐。当他走进咖啡店，他的"流动豆荚"就和店中音乐设备连接上了。他是个熟客,很快便坐到他平时用的台前。桌子通过个性化的界面根据他最近听的一些歌提出建议供其选择。Mark 一边享受咖啡一边搜索,他试听了一个从未听过的艺术家的音乐,他喜欢这些音乐并且决定先做个软拷贝,因为之后他可以升级到全部音乐。当他离开咖啡店时,他的"流动豆荚"自动为他的咖啡和音乐拷贝付账,基于他的音乐选择,他也从音乐基地收到一份音乐清单使他能跟上音乐潮流。

剧本 2: 我的收音机(My Radio)

主角:Yvonne 是 65 岁的老太太,她和她的退休丈夫 Jacques 生活在布列塔尼(法)郊区一个雅致的房子里,她享受他们自己的时光,同时也关注她孩子的兴趣和活动。(建立 Yvonne 的人物角色模板和人物角色意象拼图)

情境:上午 9 点的厨房里、第 2 天早上。

需求:Yvonne 对大多数新技术显得不适应,她喜欢简单的东西,习惯用传统的方式办事。但是她喜欢在做家务和招待朋友时听音乐。最近,她发现很难在收音机中找到她喜欢的音乐了,同样,Jacques 也经常和她在选择电台上发生争执,她发现每当 Jacques 更改设置后她就很难找到她喜欢的电台了。Yvonne 说:"我喜欢跟上时代听最新的音乐并且向孩子们咨询这方面的信息,但是仍然觉得没有什么比像 Fred Astair 或者 Charles Ammour 平静的声音更美好的了。对我来说享受音乐、书籍和美食就是安享晚年。"

故事:Yvonne 和 Jacques 从 Philips 定购了一台"My Radio"。根据他们的偏爱,一些电台被选出来作为预设,服务人员还演示了怎样操作收音机。"My Radio"和老收音机一样是无线的,Yvonne 正在厨房里准备午餐,她不喜欢当前的电台,于是通过转盘进行切换。当她在搜索网络电台时,她很吃惊,有这么多电台的音乐适合她的口味,比如法国歌手 Aznavour 的音乐,有些电台甚至在音乐播放时同步显示相关照片和相应信息。Yvonne 和 Jacques 发现收音机的转盘非常容易使用,可以很方便地增加电台到他们的预设中,以便以后收听。第 2 天早上,他们在门阶上收到一份报纸,这是一份个人化的"My Radio-times",这份报纸提供了基于他们的收听偏好而选出来的关于电台和其他服务、活动的信息。

IDEO 伦敦公司受 BBC 委托进行的数字收音机概念设计中也使用了剧本导引设计方法,其中"简的个人数字收音机"是一台带 web 浏览器的数字收音机,要求其个性化设定功能应适合用户的生活风格。IDEO 在展开设计后,使用了四个剧本帮助设计师挖掘设计创新点,最终完成了令 BBC 满意的设计(图 12-2)。

第二节 剧本导引设计方法

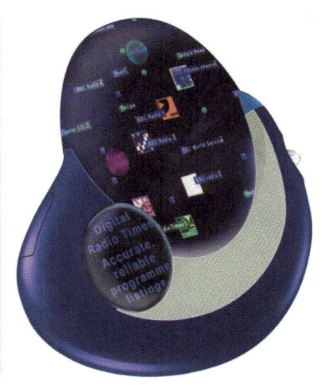

▶ 图 12-2 个人数字收音机概念设计

剧本 1：简的急事（图 12-3）

情境：凌晨 2 点的洗漱间。

故事：简被紧急电话叫醒，她下了床开始准备。简打开她洗漱间的个人数字收音机来帮助自己清醒一下。收音机自动转到她平时这个时候的常用频道。

关键点：特定时段的特定电台预设，基于用户使用的自学习系统。

▶ 图 12-3 剧本 1

剧本 2：在车里（图 12-4）

情境：夜里 2 点 20，简的汽车里。

故事：简进了自己的汽车，将她的个人数字收音机插在底座上开始充电。收音机通过红外将针对汽车的偏好预设发送到车载收音机上。因此，当简想听音乐时，车载收音机播放起她熟悉的电台。她的节目被交通新闻打断了几次，幸好，这并没有影响她旅途的心情。

关键点：车载底座，给电池充电；红外连接，个人数字收音机可以把偏好设定发送到其他收音机上；环境特殊信息，在车中她收到交通新闻。

▲ 图 12-4　剧本 2

剧本 3：回到家中（图 12-5）

情境：早上 5 点至 6 点之间，简的家中。

故事：简回到家中，当她从一个房间走到另外一个房间时，她的数字收音机与各房间的音箱自动连接，与往常这个时间一样，她正在听 BBC 的音乐电台。简从健康频道录下了一些音乐为接下来的慢跑做准备。她用记忆盘将音乐存储起来以备将来之需，节目虽然早已开始，但是她能够从头开始录制。

关键点：带红外连接的音箱，可以手动或自动设定；下载并存储音乐；从节目的开始进行录制。

▲ 图 12-5　剧本 3

剧本 4：沙发上（图 12-6）

情境：中午 12:05，简的客厅。

故事：简跑步回来，躺在沙发上休息，浏览着最新一期的《数字电台时间》，简每周下载一次，看看节目表和一些有趣的文章。她将数字收音机设置为与投影仪连接，这样她看文字方便多了。在她浏览节目表时，与她的预设以及收听习惯一致的各类节目自动高亮显示。她预览了这些信息，有视频的，也有音频的。

关键点：偏好设定的可视化操作，视听杂志，可在夜里下载大量文件，投影显示。

▶ 图 12-6 剧本 4

通过剧本导引设计法推动设计创新不一定需要团队协作才能完成，独立设计师也可以使用剧本导引法启迪设计。日本著名设计师深泽直人在设计电饭煲时，利用剧本法探讨用户使用电饭煲的"行为动作"，发现很多人在盛饭之后顺手把勺子搁在电饭煲顶盖上，而传统的电饭煲的顶部是弧形的，勺子容易掉下去。深泽直人于是便设计了方便搁饭勺的电饭煲（图 12-7）。深泽直人的设计以自然贴心而著称，他善于通过分析一定情境中用户的行为，发现大量的生活细节。深泽直人观察到许多人回到房间打开台灯后，会把钥匙等随身小件掏出放在桌上，如果桌面凌乱，找起来就不方便了。于是他设计了一款台灯（图 12-8），将台灯的底座设计成一个托盘，这样人们在开启这个台灯后会很自然地将钥匙等放在托盘中，既整洁也便于寻找。

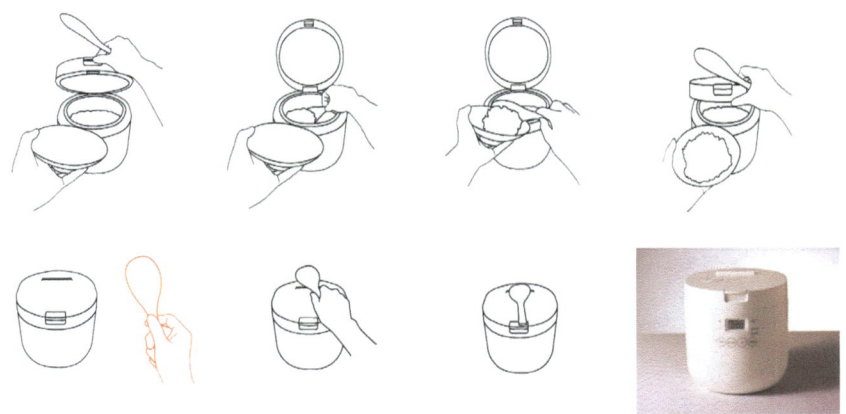

▲ 图 12-7 剧本法探讨电饭煲使用情境及设计

▶ 图 12-8　带托盘的台灯

第三节　以原型构建为核心的设计方法

一、什么是原型？

传统工业设计关注的重点在于产品的功能和形态，但从目前的设计趋势看，设计师应更加关注影响用户行为与习惯的各种因素，研究如何使用户在与产品互动的过程中获得良好的体验。为此，设计师及开发团队往往需要根据创意概念构建出一系列的装置，以不断验证想法，评估其价值，并为进一步的设计提供基础与灵感。

在设计中，一般将这种帮助我们与未来产品进行互动，从而获得第一手体验，并发掘新思路的装置称为"原型"，其构建与完善的过程称为"原型构建"。事实上，在工业设计中我们还经常会提到另一个词"草模"，草模是在设计中用于验证形态或机构的快速模型。原型与草模相比，其范围更加广泛，任何东西都可以被认为是原型。从纸面上的图表到复杂的电子装置，从简陋的纸板模型到精密加工而成的金属装置。总之，原型是任何一种帮助我们尝试未知，不断推进以达到目标的事物（图12-9）。

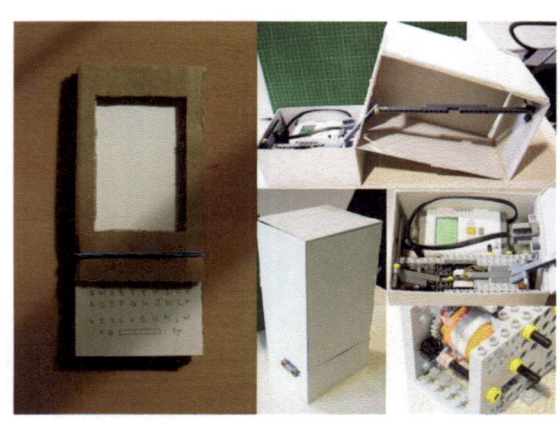

▶ 图 12-9　左边为纸板原型，右边为电子互动原型

二、原型与模型的区别

在传统工业设计中，我们常常提到"模型"概念，它与新设计趋势中的"原型"有着密切的血缘关系，但在这里，我们还是有必要区辨一下这两个词：

（1）在新设计趋势中，原型被认为是一个多方面研究创意概念的工具，而传统工业设计的模型则被认为是为了测试与评估的第一个产品版本；原型是创意概念的具体化，但并不是任何一件产品，而模型则与最终产品非常接近。

（2）原型聚焦于创意概念的各方面评估，是各种想法与研究结果的整合；而模型涉及了整个产品，特别是有关与实际生产、制造及装配衔接的方案（图12-10）。

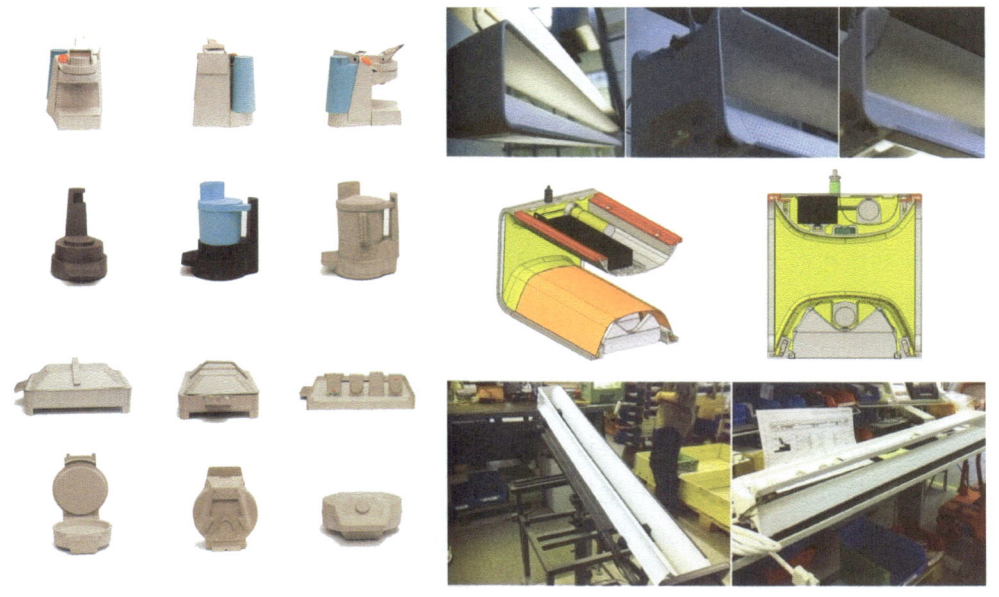

▲ 图12-10　左边为设计师Konstantin Grcic设计过程中的各种原型，右边为灯具设计的模型

（3）构建原型往往是为了"推销"设计团队的想法与创意。而制作模型则更侧重于实际生产与制造；原型要求快速构建，是相对廉价的装置，它容许为解决关键问题而不拘泥于细节的推敲，而模型的制作颇费周章，要求面面俱到，重视细节的品质，因而需要消耗大量的时间和花费大量的金钱。

可以看出，构建原型，更自由，更随意。设计师们不需要因为小心翼翼地构建一个原型，而阻碍自己灵感的迸发。在世界闻名的IDEO设计公司，设计团队对于原型构建有着极宽容的态度，即便知道结果不是预想的，但他们还是会完成原型，因为这样便能更快修改，并发现不合理的地方。"说不定还会有些额外的新发现！" IDEO的设计师如是说。

三、原型构建的特性

1. 原型构建是器具进化的加速器

在社会分工没有发展到需要将设计作为一项独立的职业之前，器具的进化是随着技术的缓慢发展，通过手工业者在漫长的岁月里不断复制中逐渐发现其改进的可能性而逐步改进的。而随着第二次和第三次技术革命的演进，人类的创造力因技术的飞跃发展和社会化大分工的日趋细化而得到空前释放。走进今天的超级市场，连一个小小的调羹都有十几种形态各异、各具用途的品种，我们日常所需的生活用品已逾2万种之多。

技术进步确实能使我们快速地完成制造，从而增加创造的产出，但另一方面，由于创造得太容易，我们往往会匆忙地确定解决方案。在数量增多的同时，器具本身的进化却是缓慢、粗放并且无序的。特别在消费类电子产品行业中，一方面，不断加快的产业化进程，使科技产品公司不得不时刻忙于更新产品线以对抗自己的产品永远面临的迅速廉价化的宿命；而另一方面，消费者却永远在为不完善的产品买单，等到在这些产品上吃足苦头，才能在新产品中见到希望并如此往复。而通过原型构建却能在很大程度上摆脱这种怪圈。原型构建的本质就是以方法论为手段，有目的地快速进化产品，以代替自然过程中无目的的缓慢进化。所以原型构建活动是器具进化的加速器（图12-11），特别是在设计新兴电子产品、互动系统及交互式虚拟空间的过程中，以原型构建为核心的跨学科的开发活动往往能起到事半功倍的成效。设计师应该在设计过程和设计决策的早期，就不断制作各种原型，寻找一切可能的问题与机会，使产品顺利地按照预定的方向（往往是以用户为中心的方向）快速迭代进化，在最终产品问世前利用有限的时间与金钱提交最完美的解决方案。

Apple D8-9mouse　　ADBmouse　　Desktop Mouse Ⅱ　　Hockey Puck　　Pro Mouse(Black)　　Pro Mouse(White)　　Mighty Mouse

▲ 图12-11　Apple公司各个时代的鼠标设计

2. 做中学的方法

原型构建遵循"做中学"的方法。做中学是一种开放的工作心态。没有人能知道所有的事，也没有人能在最终产品正式提交前清楚所有的设计细节。但是当我们制作了第一个原型，你就可以看着它、拿着它、琢磨它并且不断使用它，通过研究、测试自己构建的原型，往往能发现当初的预想还有很多可以改进的地方。自己动手构建原型,还是对自身知识系统的一种实践检验,并且可以从中学到更多的知识。

成熟的设计师们都认为,原型构建活动是一个动态的,做与学互长的过程。作为当今科技研发的龙头之一,美国麻省理工学院也有一批强调"做中学"的研究人员,其中的代表 Mitchel Resnick 教授就认为设计是关于创意的游戏,是对新想法的验证和实践。将我们的想法通过制造具体的东西来实现,是一个反复循环的过程,一个新想法可能会产生多种设计并使设计体验更加丰富而深入。而风靡欧美地区的 LEGO Mindstorms 创意套件就是由 Resnick 教授主持的研究小组与 LEGO 集团以"做中学"为指导核心的研究合作产物(图 12-12、图 12-13)。

▲ 图 12-12　国外学生利用 LEGO mindstorms 套件进行原型构建
▼ 图 12-13　国外教育中十分强调"做中学"

这就是为什么在新的设计趋势中,不少设计师更愿意强调原型构建而不是设计一词。设计,其含义在于构想、计划。从字面上看设计更侧重于思考而不是实践,而原型构建,则强调创造容易呈现的模型来表达酝酿中的创意,其实验研究的意味更强烈,很好地暗示了整个设计过程的不确定性与探索性。"构建"原型,更侧重于动手制作与实践,恰到好处地解释了整个设计的迭代过程。

在原型构建中,以"做中学"为指导还有利于正确看待构建过程中的失误,Apple 公司设计团队是最好的案例。这个创造了 iMac、iPod 等一系列经典产品的团队,在首席设计师 Jonathan Ive 的领导下,将大多数经费都用于各种艺术品质原型的制造中去,他们的设计流程很简单,就是重复不断地制造原型,将各种设计概念视觉化、实体化。用 Ive 本人的话说就是:"我认为我们团队的一个重要品质就是寻找错误的意识,这是一种追根问底的探索意识。犯错是令人兴奋的事,那意味着你将又有新的发现。"用"做中学"的态度去面对设计挑战,将每一个错误与失败都看做是新创造的机会,是 Apple 在工业设计中创造卓越的重要条件,也是提升设计品质的前提(图 12-14)。

◀ 图12-14 Apple 公司的设计部门及其设计主管展示新产品

3．团队合作的方法

原型构建需要综合众多学科的团队合作，这是由工业设计的跨学科性决定的。虽然设计教育本身就要求设计师了解多种自然学科与社会学科的知识（图12-15），但是了解与专业是有着本质区别的。要将原型构建推向一个专业的深度，必须与该领域的专家一起合作。设计教育的跨学科性在于提供与这些专业工作人员合作的知识基础与交流语境，而不是取代其他领域的专家。例如，在产品开发过程中，影响用户操作与使用的认知心理学在最近若干年里不断受到设计师们的重视，很多设计师都在研读这方面的文献。但是，对于设计师而言，我们需要的是将认知心理学中一些关注点与研究方法借鉴到我们日常的设计中去，而对于在设计中遇到的实实在在的人类认知问题，最好的方法是与认知心理学专家共同讨论，邀请他们一同构建产品原型，借此将他们的专业意见融入设计中去，而不是凭借自己假想的经验越俎代庖。

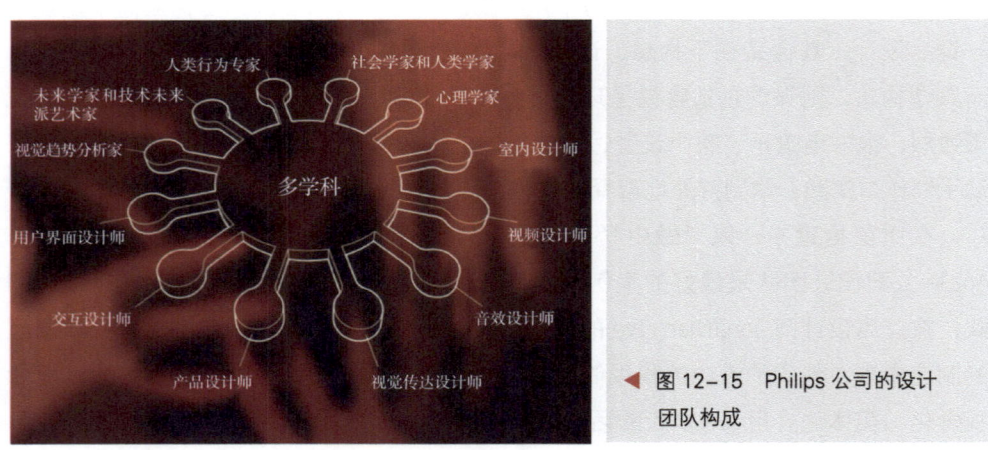

◀ 图12-15 Philips 公司的设计团队构成

四、原型构建的基本原则

原型作为一种设计方法，自身有着一定的客观规律，遵循这些规律，有利于我们理清思路，提高设计效率，在具体实践中取得事半功倍的效果。

1. 快速原则

在以快求生存的商业环境中，在一个原型上精雕细琢，花费大量宝贵时间是不可取的。特别在设计阶段的初期，快速地制作几个甚至一批不太讲究的原型，可以尽可能多地找出问题，而不至于在一两个问题上纠缠。同时快速地构建原型也为后期的深掘赢得更多可能性，设计的过程永远不可能一蹴而就，我们需要学会快速地联想，并快速地视觉化、实物化（图12-16）。

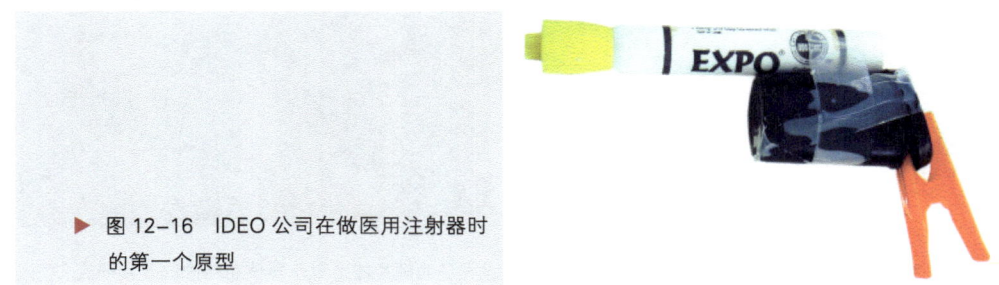

▶ 图12-16　IDEO公司在做医用注射器时的第一个原型

2. 迭代原则

迭代指的是："重复操作直至获得明确而详细的结果的过程。"没有迭代就不会产生有序的复杂性。实际上，迭代允许通过简单结构的逐步积累形成复杂结构。在设计中原型构建允许我们通过不断地调查、测试和调整设计来创造复杂的结构。设计的过程其实是一个迭代的过程，设计师们一点点推敲，一点点深入，直到把设计推到一个完善的境界（图12-17）。

▶ 图12-17　IDEO公司的设计团队为开发Plam Treo270所做的早期原型

3. 焦点原则

制作原型必须是有的放矢的，每个原型都必须切实解决一个被设计团队所关注的焦点。如在设计初期，我们更关注谁会来使用产品，这时就必须在观察、描绘和研究的基础上，为人物角色构建出原型，以解决这个目标人群定位的关键问题（图12-18）。

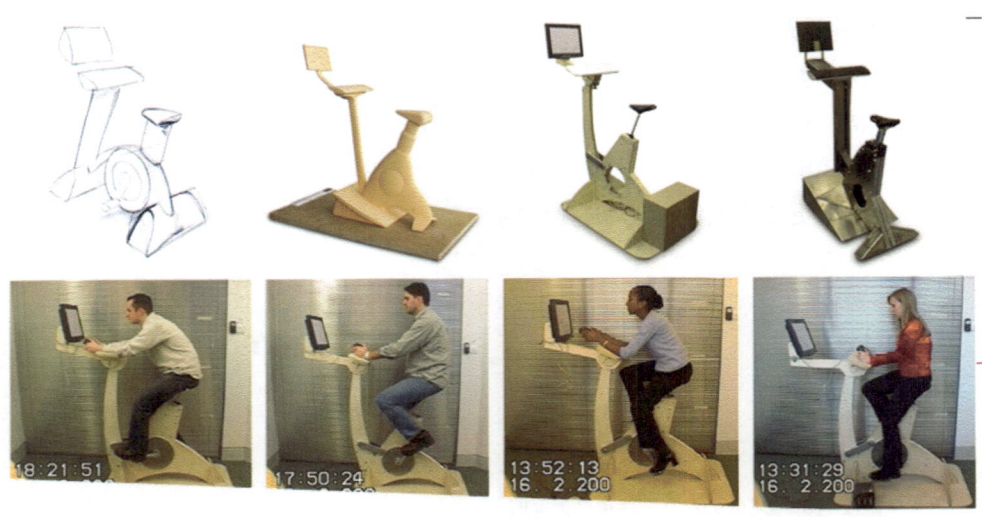

▲ 图12-18 英国PDD设计公司所展示的原型构建过程及为健身器上显示器使用所做的专项研究

4．有限性原则

设计团队成员来自不同的学科，关注点各有侧重，所以不同原型所能解决的问题也各不相同。但凡设计一个能给用户带来愉悦体验的产品，所要考虑的问题方方面面。在原型构建过程中，我们基于不同的原因，需要构建不同类型的原型（图12-19），不能指望在构建一个原型的过程中解决所有的问题，认识到这种局限性，有利于设计团队轻松工作，从而激发创意。

◀ 图12-19 Pearce公司在为Steelcase公司开发cachet椅子时做的形态外观原型和功能测试原型

第四节　简单法则

美国麻省理工学院教授前田约翰是一位数字媒体界传奇性的艺术家与设计师。他擅长将电脑程序的尖端计算性能与艺术的优雅表现作完美的结合，个人作品获国际大奖。他于1996年开始任教于麻省理工学院的美学与计算小组（Aesthetics &

第四节 简单法则

Computation Group），现为实体语言实验室（Physical Language Workshop）总监，在他手中已培育出一批当代顶尖的数字设计艺术家。他所提出的"简单法则"源于一项实验性的"简单计划"研究项目，意在开发新的设计技术与设计方法，用于制造简明易用并能给人带来享受的产品。

前田约翰教授认为，"简单"并不意味着廉价或削减应有的功能，而是指设计简洁雅致，操控简便易用。如何使一个东西在拥有强大功能的同时，操作起来却很简单，这是我们所要应对的挑战。

不仅如此，"简单法则"的深远意义在于作为一种新兴的设计理论方法，它重新定义人类与科技的关系，简化人与科技之间的界面，在科技的复杂性与艺术的简约之间找寻合作模式，解决信息的过度泛滥问题。由于设计师越来越多地面对高新技术产品，不少工业设计专业的学生也偏爱新技术产品的设计，作为本书的结尾部分，简略介绍一下"简单法则"中一些与产品设计相关的重要内容，详细内容请查阅前田约翰教授的原著。

一、减少

由于技术的小型化，进行产品设计时，增加越来越多的功能成为许多设计师的思维惯性。但是如果功能没有被很好地设计，这样的功能越多，用户的迷惑也越多。一方面，人们希望产品容易使用，界面简单；而在具体使用时，人们又希望产品能有我们想要的各式功能。

如何在设计中恰到好处地做好减法？前田约翰在"简单法则"中提出可通过"缩小"、"隐藏"和"赋加"三种方式实现。

缩小：当一个不起眼的小东西发挥出超越我们预期的功能时，我们会对其大加赞赏；同时，对于一个小东西，小地方的差错，我们通常比较宽宏大量。科技进步正在努力"缩小"周遭的一切，从大哥大到掌中宝，手机的变迁就是最好的例证（图12-20）。再看苹果公司的杀手级产品iPod，为了让该产品更加小巧，更加轻薄，iPod的背部通过镜面金属制造了一种错觉，让人觉得机身只有浮在表面的白色或黑色塑料面板那么薄，其他部分仿佛融入了周围的环境。

▶ 图12-20 左图为第一代摩托罗拉移动电话，右图为Ericsson GH337、Ericsson T10s、Samsung A600 和 Samsung X-828 叠加

隐藏：功能越多，看上去就越复杂，让人望而生畏。当一个产品"隐藏"了其复杂特性之后，往往会使人产生亲切感。这类产品的经典范例就是著名的瑞士军刀（图12-21）：只露出需要用到的工具，其他刀子、起子都隐藏起来。现代生活中，各式各样的按钮经常令人眼花缭乱，搞得人头昏脑涨，无所适从。Palm公司的智能手机"Pre"是2009年CES大展的最大亮点，手机在简单优雅与复杂的功能之间找到了适当的平衡点。常用基本功能采取单键和触摸屏方式实现，将复杂的全按键键盘通过滑盖隐藏，只在需要进行大量文字输入时才打开。这样的设计，在利用精巧的机械机构隐藏了复杂性的同时，带给用户的是使用的简便与优雅（图12-22）。

▲ 图 12-21　瑞士军刀　　　　▲ 图 12-22　Palm Pre

赋加：随着形体缩小和功能隐藏，产品必须加强因为缩小和隐藏而减弱的价值感，在潮流科技产品的设计中更应注重这点。要让形体更小，功能看上去更简单的产品吸引消费者，就必须让消费者觉得它比形体大、功能多的产品更有价值。在这方面，我们可以很好地借鉴奢侈品行业的设计，奢侈品设计的基本要求之一就是为产品附加某种让人惊叹的品质。B&O是丹麦著名的音响制造商，其设计以用料高级、制作精良而闻名。一个小小的电话机（图12-23）外形纤细，材质却显示出一种沉重感，微妙地传达了高品质的信息。

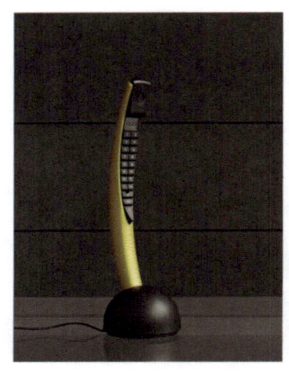

◀ 图 12-23　B&O 电话设计

二、组织

通过妥善组织能使复杂的系统显得比较简单。前田约翰认为,仅根据减少法则,通过缩小或隐藏来解决从复杂到简单的问题,这样的做法保证有效却可能略嫌粗糙。人是善于组织的动物,看到任何东西,我们都会本能地将它们归类。仍然以苹果公司的 iPod 为例,其控制面板的进化过程,显示出产品组织结构的微小改变对产品效果可能造成的巨大差别。

iPod 最初上市时,控制键的设计如图 12-24 左图所示。后来,或许是为了节省成本或是因为某些用户的抱怨,苹果第三代的 iPod 将整合在一个区域的按钮,分成了两个部分,把转盘外围的四个按钮独立出来,挪到了转盘上方,变成一排小小的控制钮(图 12-24 中图)。这么一来,苹果把 iPod 变得复杂了。在总结了前三代设计的得失后,2005 年 4 月在苹果公司发布的第四代 iPod 机型设计中,iPod 终于返璞归真,回到了极简之路。把所有按钮纳入无缝一体的点击式转盘内(图 12-24 右图)。

将这三个不同的设计排在一起(图 12-25)可以看到 iPod 控制键的演变:从一开始简单,变得复杂,最后简单到不能再简单。同样,图像处理软件 Photoshop 工具面板的设计演变,也存在这种情况(图 12-26)。

▲ 图 12-24　三代 iPod 比较

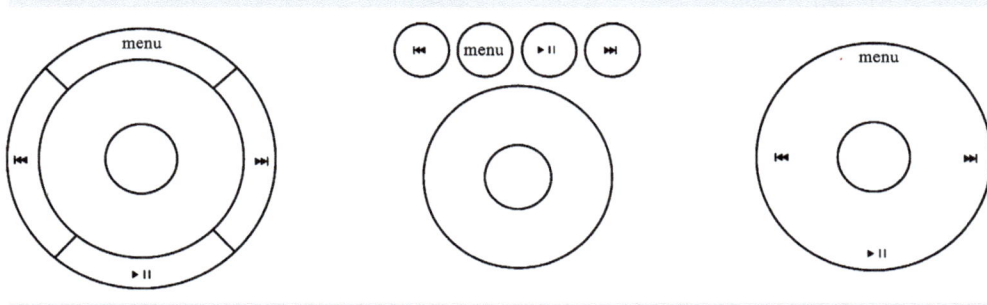

▲ 图 12-25　iPod 控制键的演化

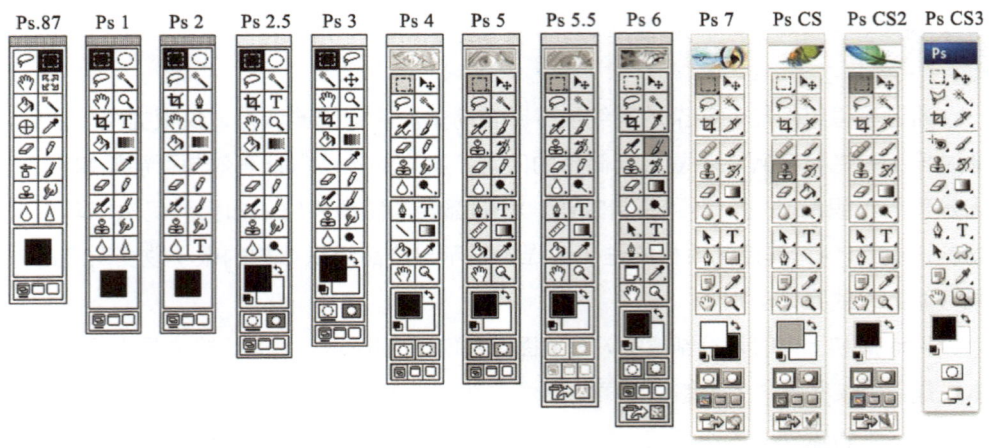

▲ 图 12-26　Adobe Photoshop 软件工具条的设计演化

三、时间

没有什么比让人枯坐等待更让我们受不了的了。我们总是想尽一切办法减少等待造成的挫折感。任何能提升效率，使我们与产品或者服务的互动能顺利迅速完成的体验都会让人感到舒适。减少等待的时间，就可以把时间省下来做其他的事情，同样也就节约了生命。

有时候，即使经过再三努力，由于种种限制，实际时间已经不能被"节省"了，那么就需要另辟蹊径。由于数据存读速度的限制，使用早期个人电脑将资料从电脑内拷贝到外部存储设备可能需要花费很多时间，人们只能苦等执行程序的结束。如果此时电脑不能提供有效的反馈信息，就会使用户焦虑不安。因此"进度条"（图12-27）出现了，从心理上缓解了这种痛苦的等待体验。苹果电脑曾专门对此进行研究，结果发现，用图标和"进度条"来显示执行进度时，用户在心理上会觉得电脑完成工作的时间比较短。

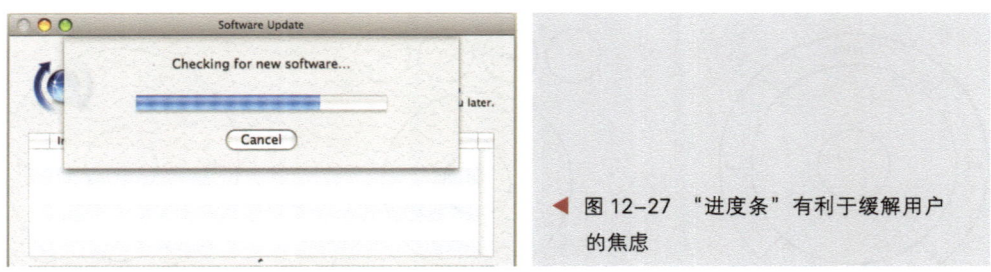

◀ 图 12-27　"进度条"有利于缓解用户的焦虑

然而，在个人电脑发展的早期，受制于硬件运算速度，开机时缓慢的进度条依旧让用户难以忍受。人机界面设计专家 Jef Raskin 在设计 Canon Cat 系统时，就曾巧妙迂回地解决了这个问题。在 Canon Cat 系统的用户停止工作时，系统会将屏幕做一个截图，储存起来；当用户再次回来工作时，Canon Cat 系统就会先把上次的截图显示在屏幕上（图 12-28），而利用几秒钟的操作间隙将整个系统完整载入。当时大多数 Canon Cat 系统的用户都不知道这其中的奥妙，由于系统启动时间极短，给人以极好的使用体验。

▶ 图 12-28 Canon Cat 系统

练习题

- ⬜ 主题：电子墨水的创新设计。
- ⬜ 适用年级：工业设计专业本科二年级及以上，建议分组进行。
- ⬜ 规格要求：①收集电子墨水技术发展的相关资料，了解电子墨水的基本原理及应用领域。②回顾市场研究部分相关内容，对市场上电子墨水的相关产品以及其他电子书产品进行调研。③到图书馆等场所观察人们的阅读情况，选择目标用户群体，构建人物角色。④以图书馆为场景，设计并撰写该人物角色在图书馆阅读的剧本并描绘成故事板形式，发掘设计的关键点。⑤使用卡纸或聚氨酯发泡材料构建产品原型，邀请同学进行简单的可用性测试，并反复修正原型至最后完成设计。作业以 PPT 形式提交，需要有 3 个以上的原型照片，最终设计可以是渲染图形式。
- ⬜ 参考时间：7 天（现场调查及收集整理资料 1 天，剧本撰写与描绘故事板制作 1 天，原型构建并进行可用性测试 2 天，渲染图、PPT 制作 2 天，集中讲评 1 天）。
- ⬜ 分析：本题作为全书最后一个习题，也是最完整的习题，需要花费较多的时间完成。教师可以根据实际情况进行安排。

附录
案例分析

　　学习设计方法的目的是在实际的设计工作中解决问题、发现需求、启发思考。由于设计的对象、目的不同，实际设计流程中采用的设计方法也应有所差异，不可以生搬硬套。一般来说，现实的产品设计（商业设计）有较强的经济目的，更相对注重市场研究和用户研究；而概念设计则偏重对社会发展的预测，发掘用户潜在需求，关注设计伦理，以未来的视野大胆地进行设计创意。

　　在进行商业设计时，设计师应该针对产品的生命周期，提出合适的设计策略，并通过市场分析来细分市场，找出合理的产品定位。设计师还需要对现有产品进行分析，研究竞争对手的设计策略，把握社会文化趋势和流行趋势，提出具有竞争力和良好商业前景的设计方向。这时的用户研究尤其注重分析用户的使用习惯和生活风格，通过焦点小组、可用性测试等方式邀请用户对产品进行评估，使产品符合目标用户的使用、审美等具体需求。设计创意则更注重创意的可行性，设计师会从制造成本、开发周期、技术能力、市场运作等实际角度对创意进行评估、筛选，一些非常具有创造力但可行性不足的创意可能被废弃或搁置。

　　如果说商业设计要求设计师"带着枷锁跳舞"，概念设计则使设计师从"枷锁"中解放出来，给了设计师"游于无穷"的设计"逍遥"。当然，概念设计并不代表恣意想象，设计师同样需要研究社会发展趋势，关注技术演进和人们需求的变化，张扬人性，关爱弱势群体；评估创意时更注重设计的可持续性和伦理道德。

　　由于篇幅所限，本书的最后一部分仅选择了一份学生案例进行分析。这个案例有一定的概念成分，但是设计者充分地考虑了用户的需求和产品的技术可行性，又有着比较明确的商业定位，因此有一定的代表性。由于指导教师和学生本身知识水平的局限，案例中还有很多不完善的地方，仅供读者参考。

案例名称:掌上扫描仪设计

设计者:周敏。指导教师:卢艺舟。

设计者平时经常将精心绘制的草图和效果图扫描并上传至设计论坛与大家分享,也经常使用扫描仪从书籍、画册上收集资料,对扫描仪非常熟悉并有着一份特殊的感情,因此,设计者选择了扫描仪作为毕业设计的课题。

设计者首先进行了用户研究,他通过观察人们的阅读行为,发现了人们的一些潜在需求。许多人去书店或图书馆的主要目的是收集资料,尤其是设计专业的学生,常常带着小本子和数码相机在图书馆记录阅读的重要内容。对于文字信息,人们可以用笔或者扫描笔进行记录,对于图像则只能通过数码相机拍摄。数码相机并没有针对纸面图像记录而设计,图像在拍摄时往往会因为光线不足而模糊,也会因为拍摄时的角度发生透视变形,无法得到满意效果。而扫描仪体积庞大,还需要连接电脑才能工作,不便携带。因此,需要有一种便携的扫描仪来满足这类人包括设计者本人的需求。设计者给尚未诞生的扫描仪起了一个简单的名字:E-SCAN,中文名为"易扫"。

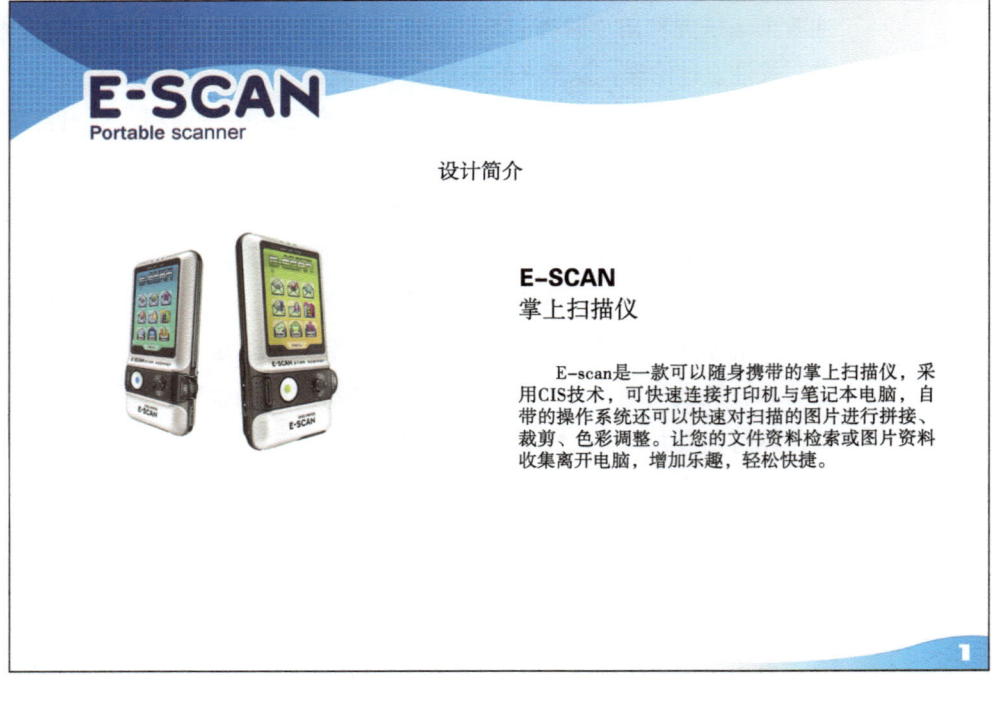

由于这是一个概念设计，市面上没有直接的产品可以进行参照，设计者先从人们传统的记录方式开始。通过自身经历和观察，设计者大致归纳了人们传统的一些资料整理、记录的方式，并且确认了产品的目标用户。

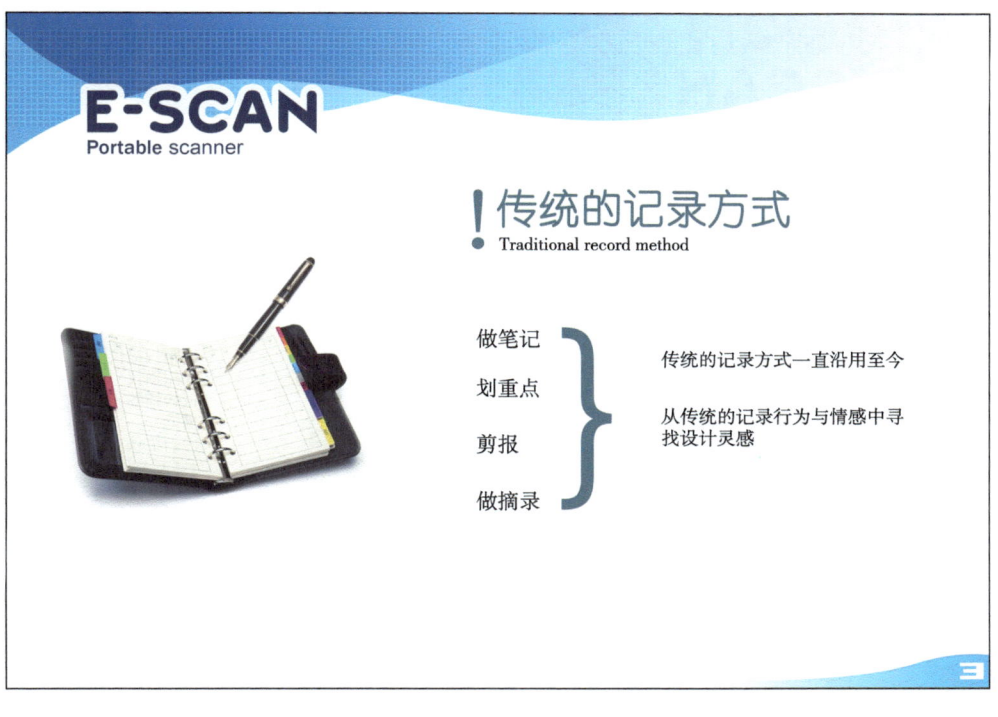

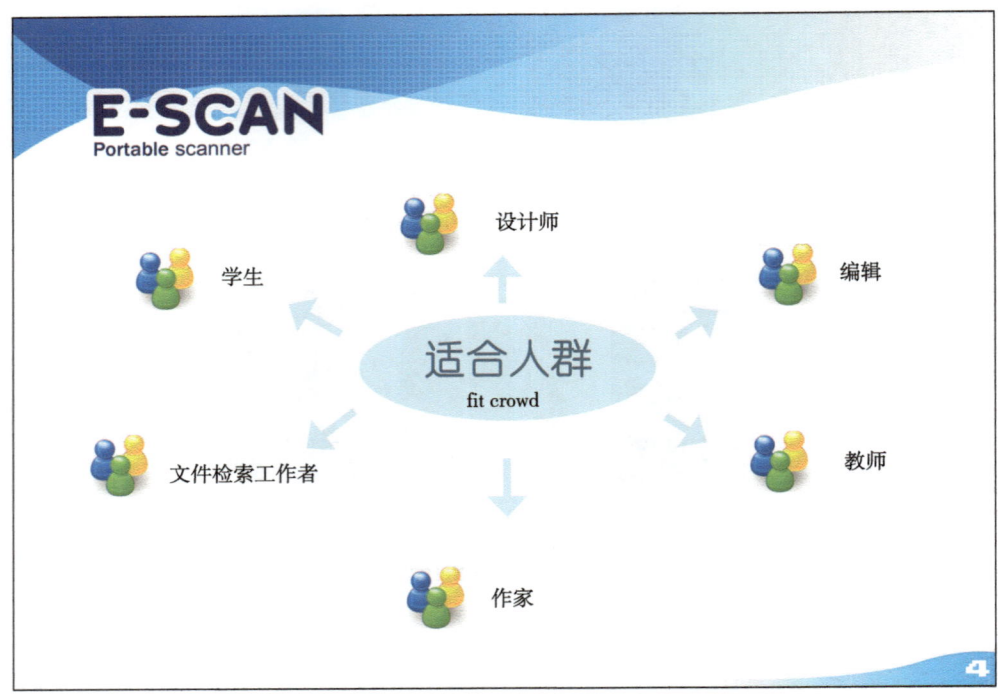

紧接着，设计者研究了目前人们常用的两种主要的图像输入方式，通过对数码相机和扫描仪的优缺点比较及扫描仪的定位图分析，发现了掌上扫描仪的机会空间，明确了设计方向。

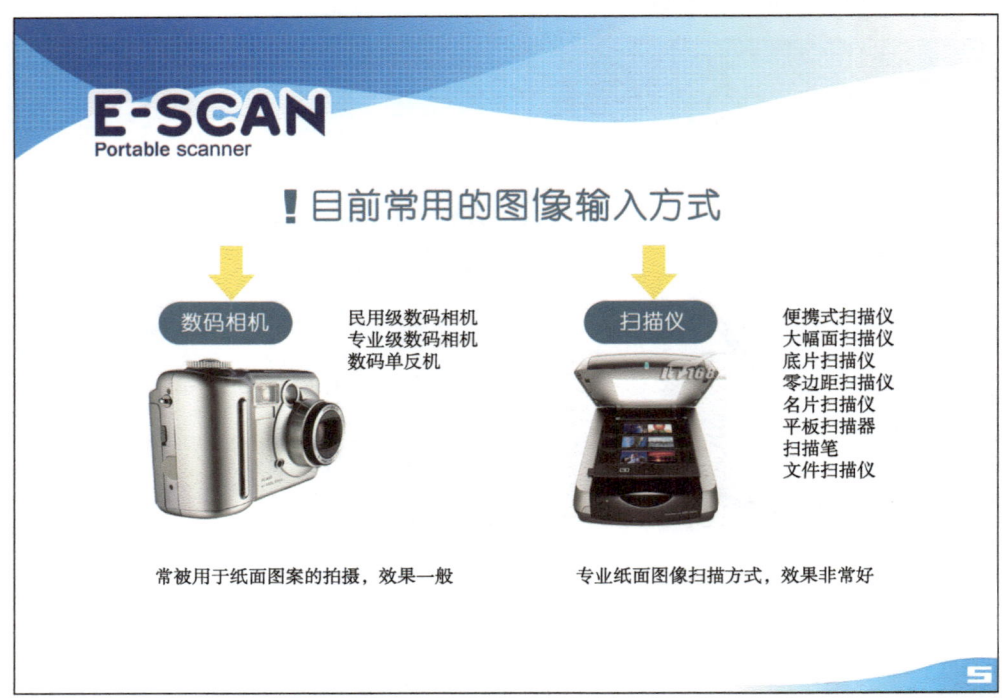

附录 案例分析

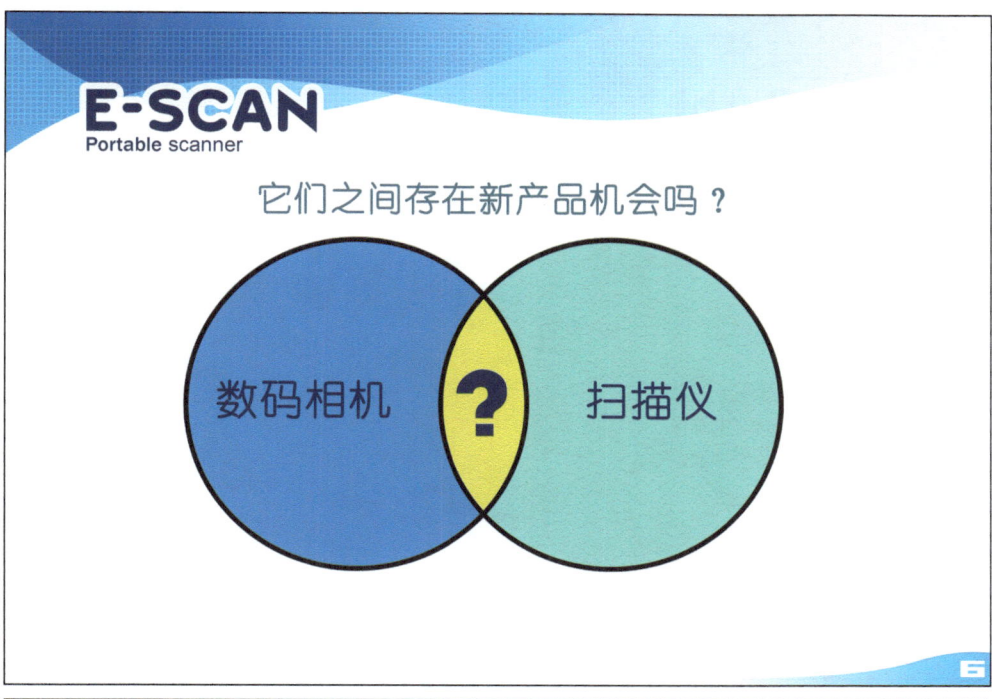

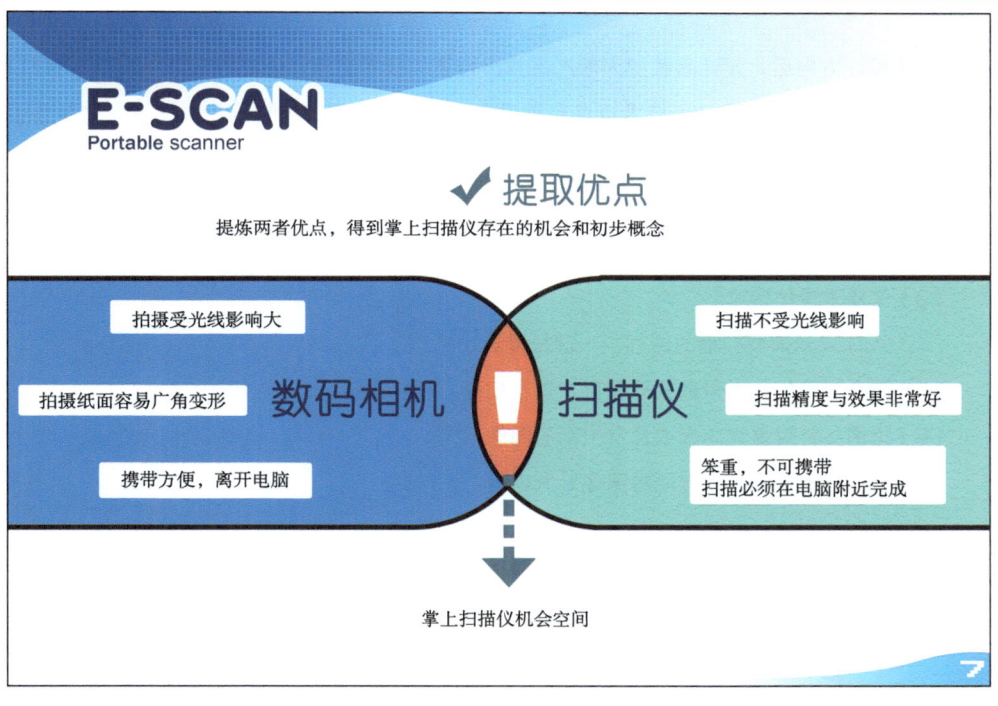

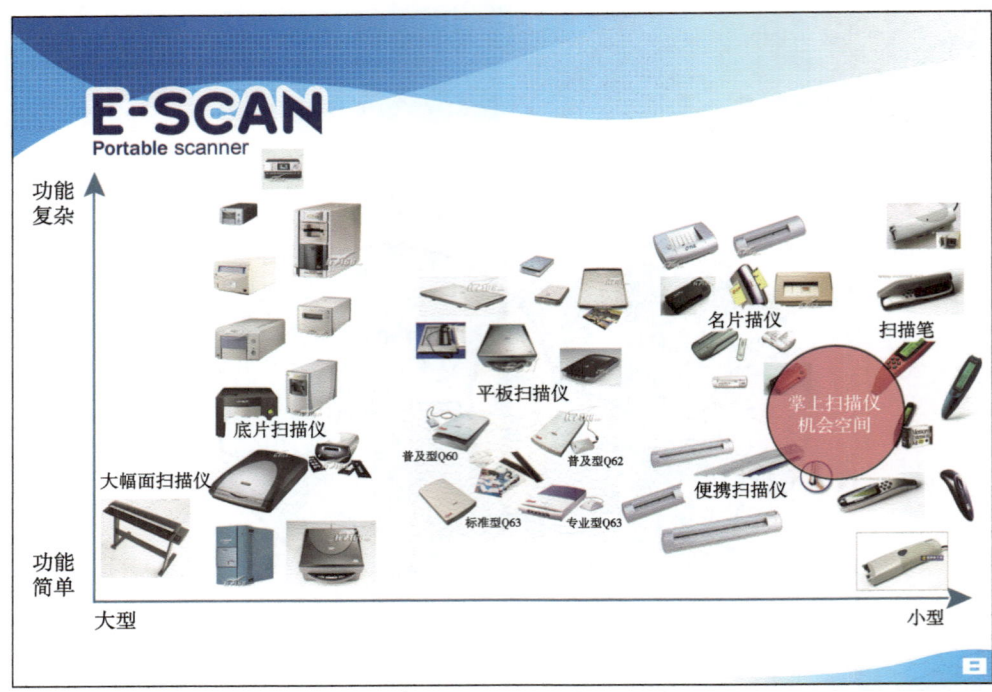

有了设计方向后,设计者希望为新产品找出合适的技术支撑,通过对 CCD 和 CIS 两种扫描技术的文献查阅,发现 CIS 技术特点非常适合省电、轻薄型的扫描仪。设计者由此展开了设计构思,通过剧本导引法,设定了掌上扫描仪的以下具体属性:

(1)小巧便携、精致时尚。
(2)放在纸面上,快速扫描覆盖住的内容。
(3)单双手操作皆可。
(4)LCD 显示需要扫描的内容,一键扫描。
(5)较大幅面的扫描采取软件配合,多次扫描,智能拼接。
(6)摄像头针对更大内容或日常生活的图像记录。
(7)易插拔的记忆卡,方便将图像导入电脑。

在展开设计之前，设计者对社会文化趋势和设计趋势进行了研究，制作了意象拼图，得出一系列关键词，大致确认了整体的设计风格。

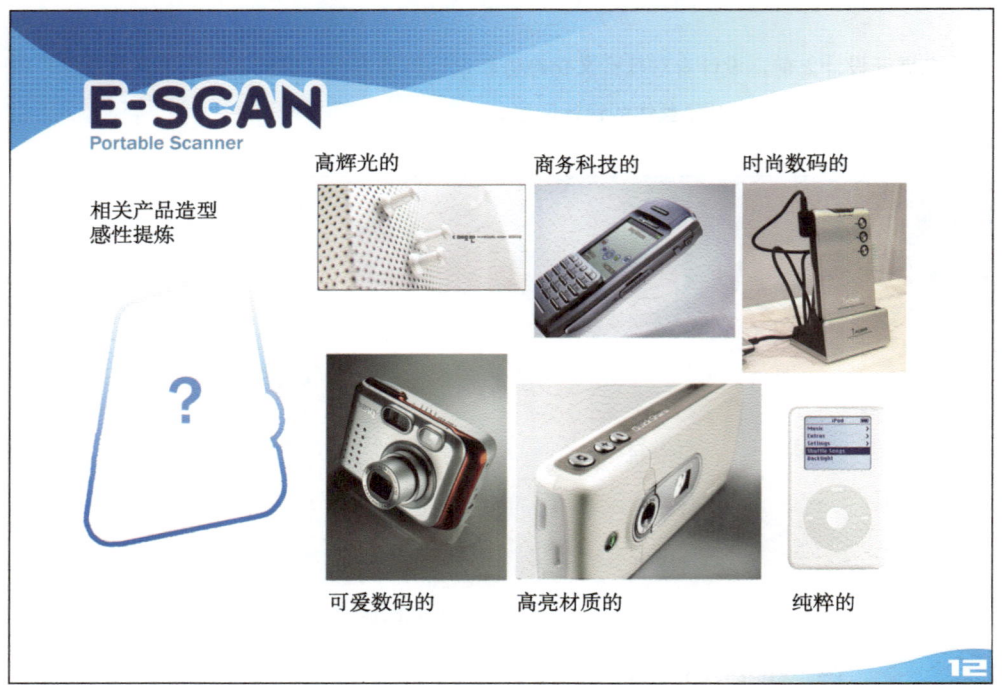

根据设定好的扫描仪属性和设计风格，设计者开始了草图绘制，对手持方式、元件位置等进行了反复推敲。

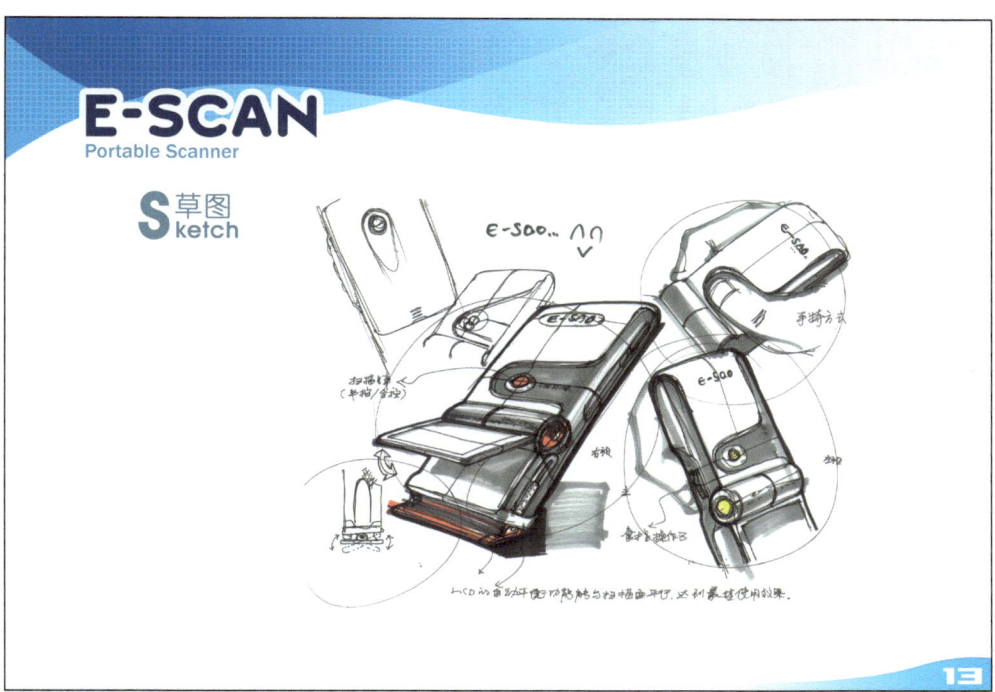

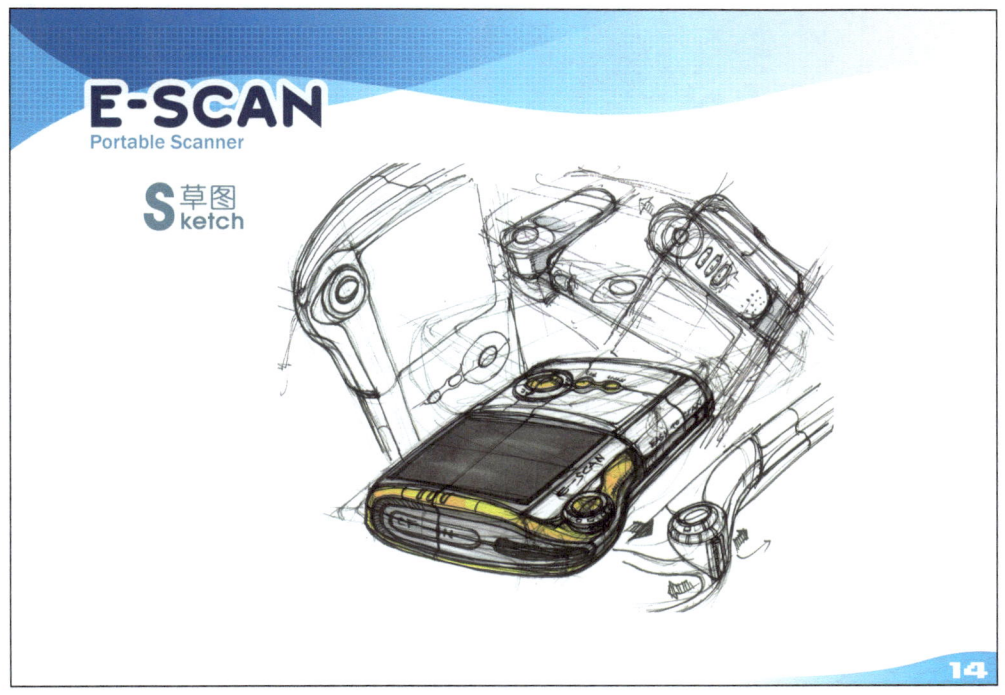

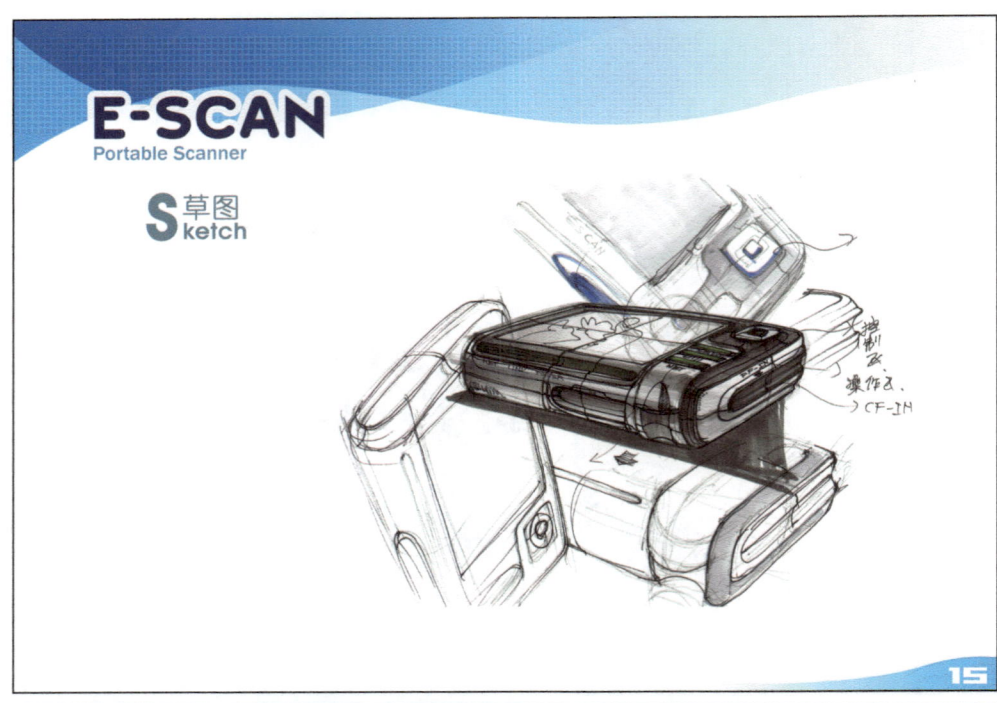

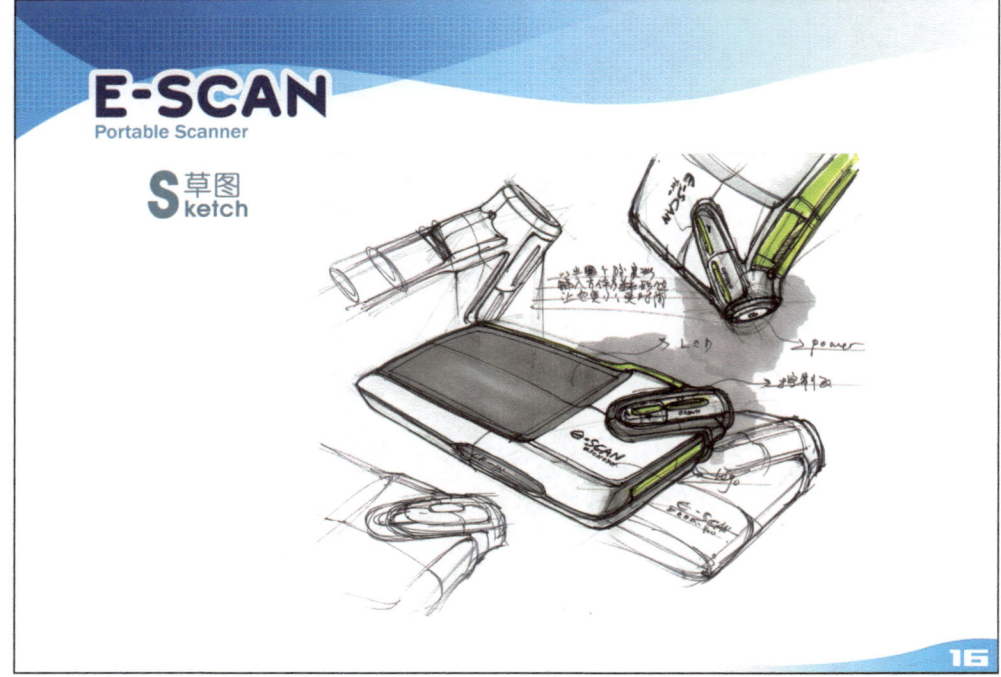

积累了一定量的草图后，设计者对方案进行了自我评估，选择了两款继续深入，并使用 Illustrator 软件绘制了二维效果图，推敲形态、材质和细节，最终选定一款方案。

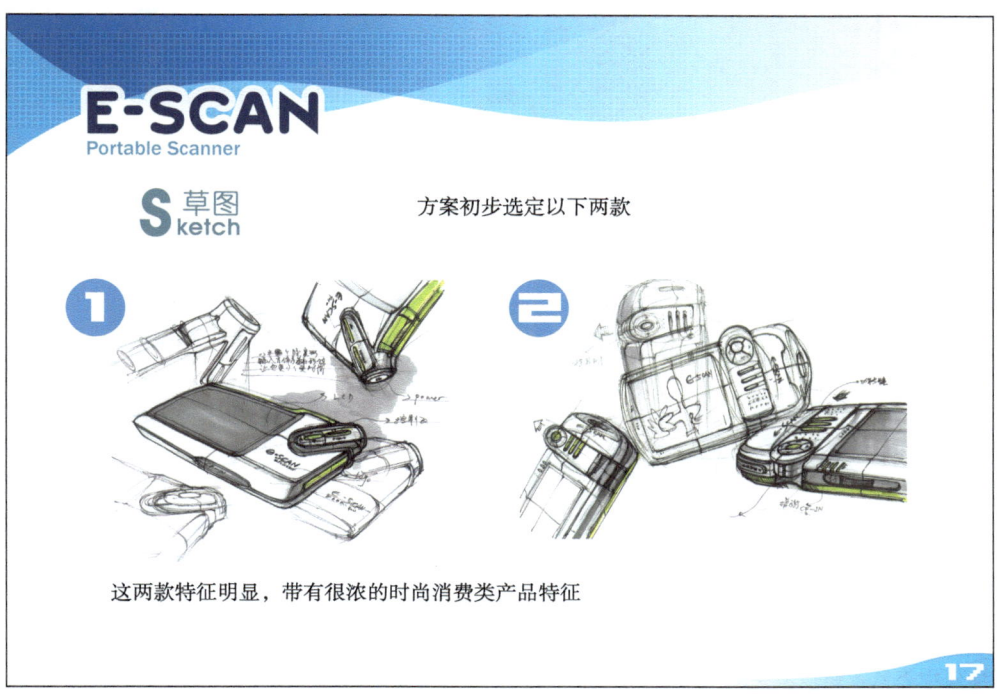

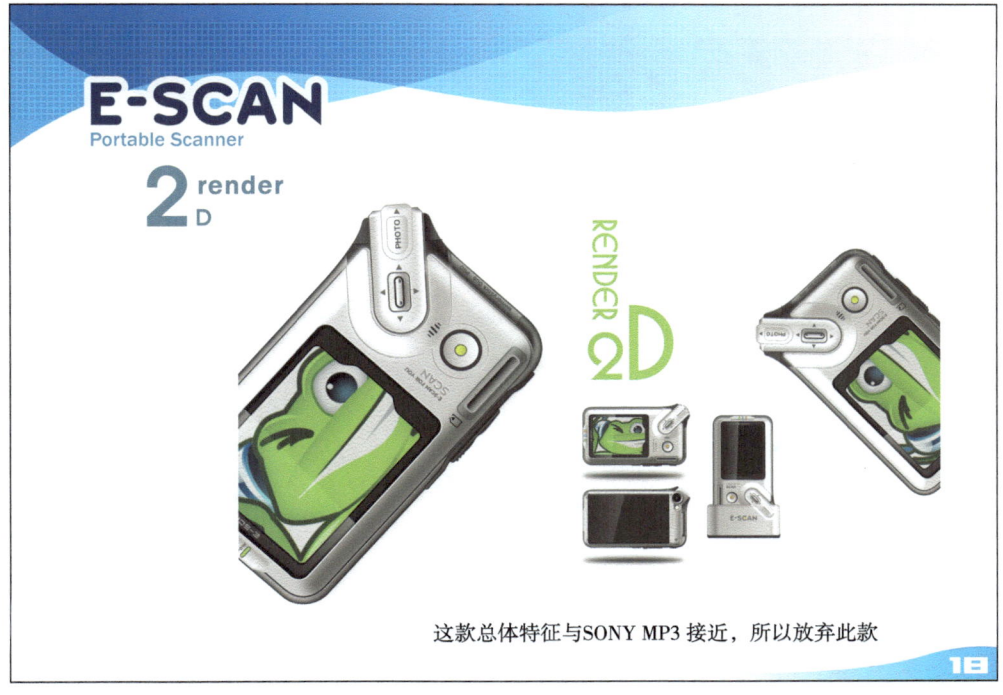

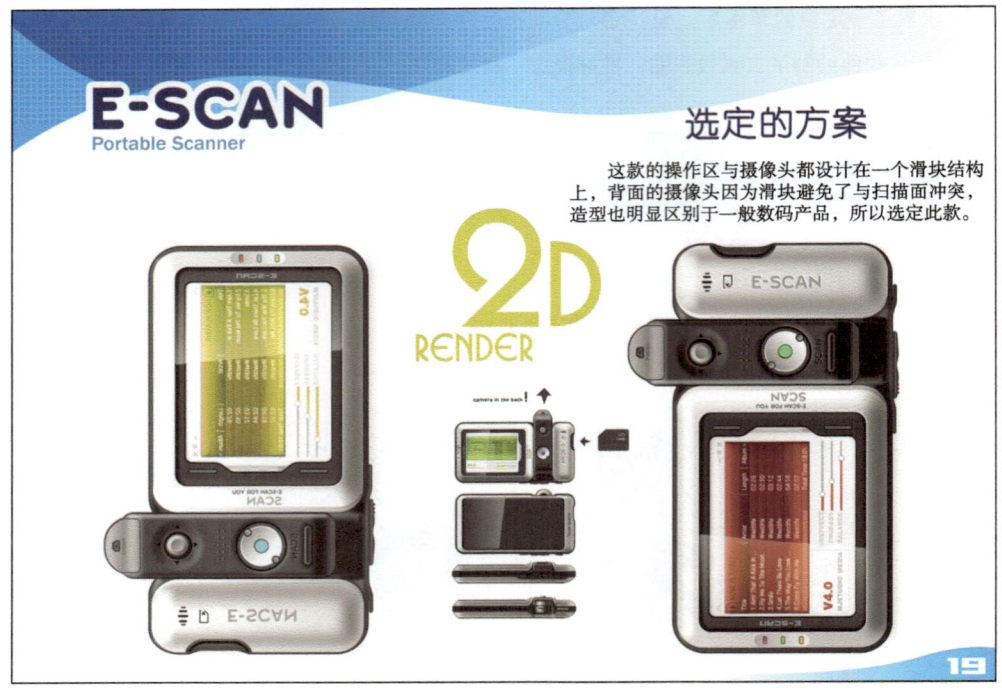

设计者使用 Rhino 软件对选定的方案进行三维模型设计,设定了各部件材质、色彩和表面处理方式,通过渲染图预览并规范实物模型制作时应达到的视觉效果。

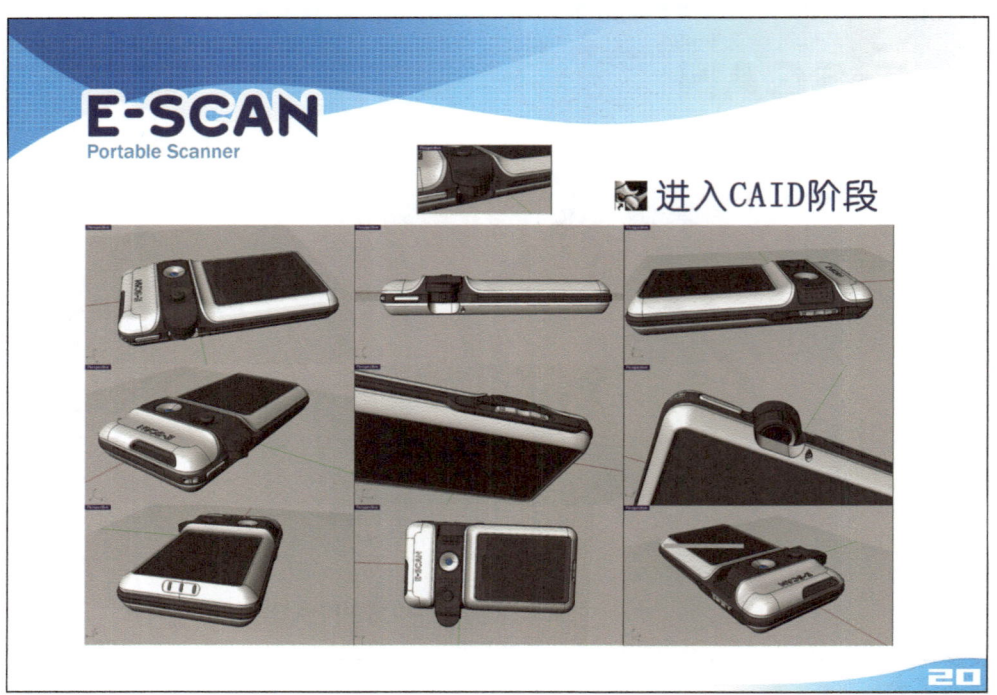

附录 案例分析

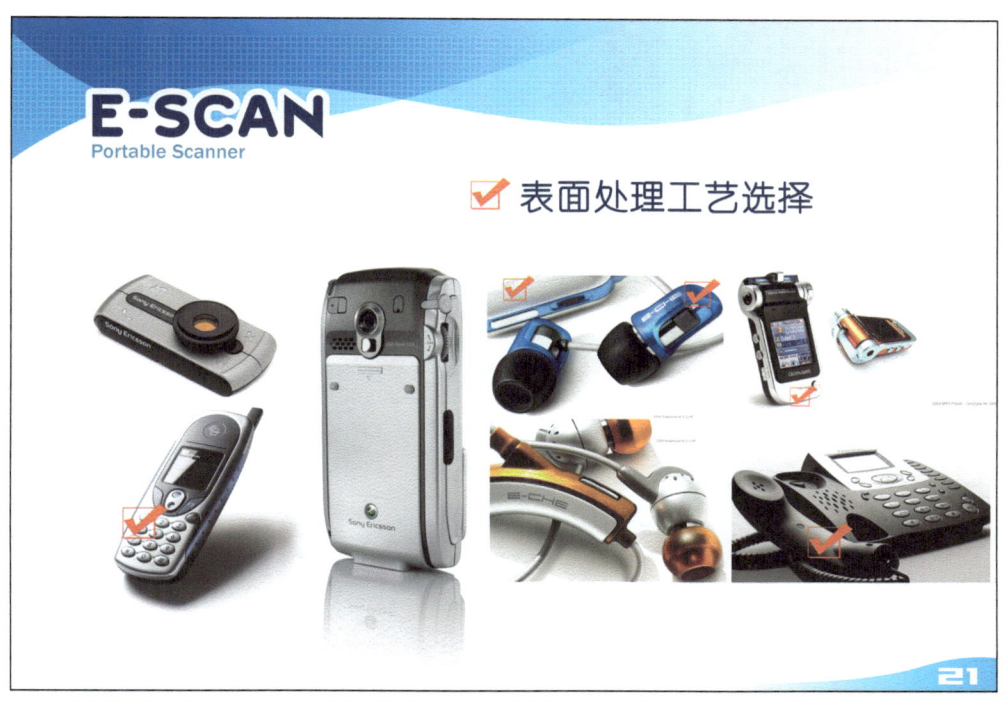

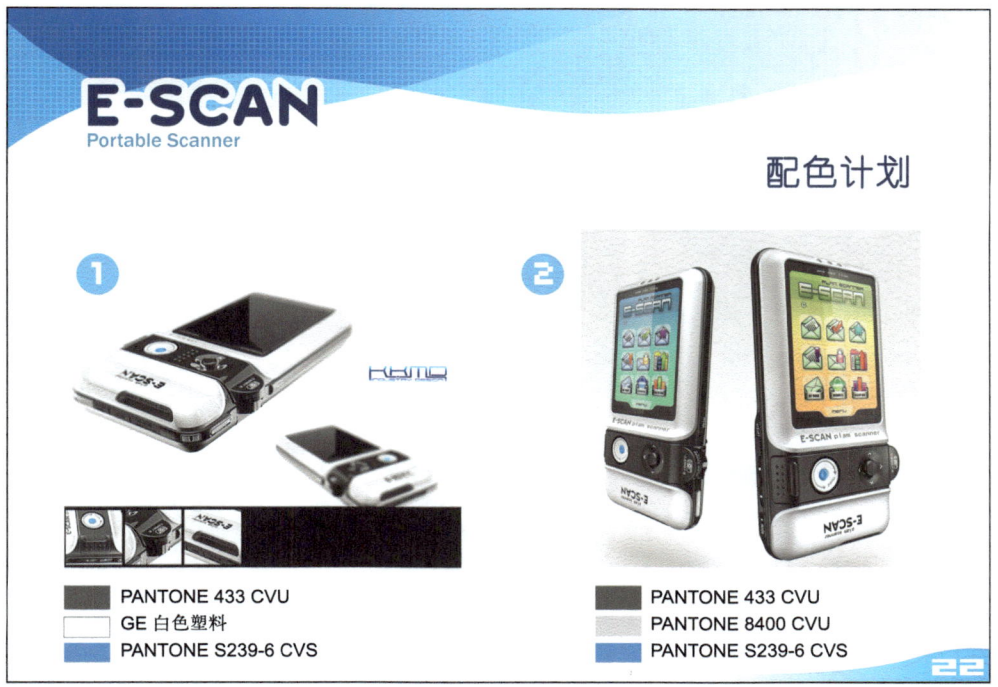

设计者将三维数据模型和效果图、色彩、材质计划提交给专业的模型制作公司。模型公司通过 CNC 进行数控加工，并对加工好的模型进行表面处理和丝印。

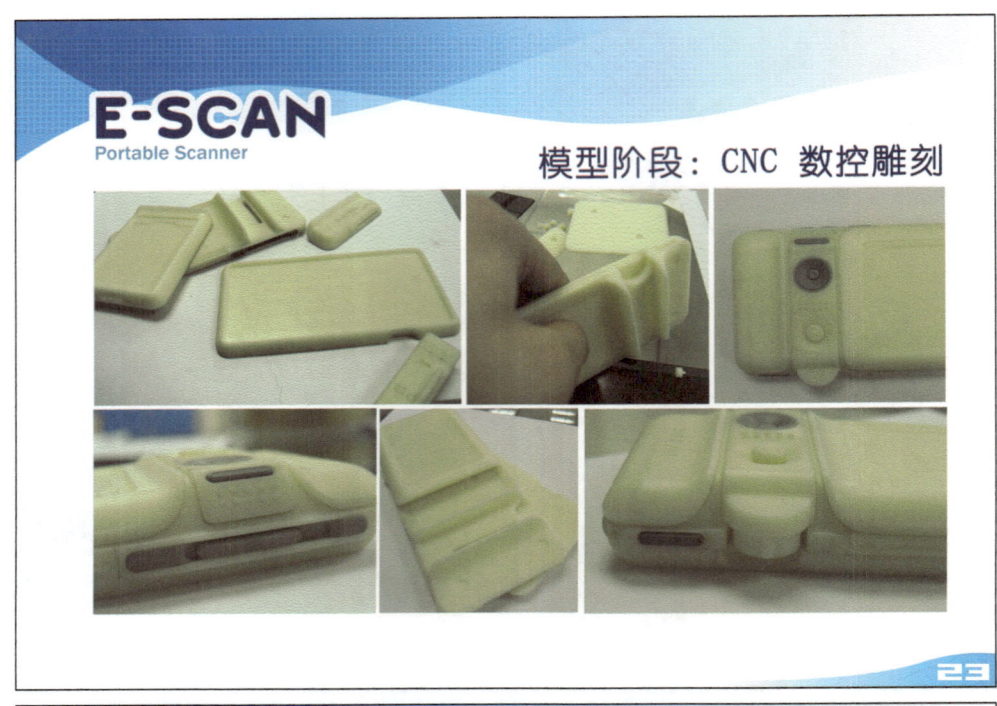

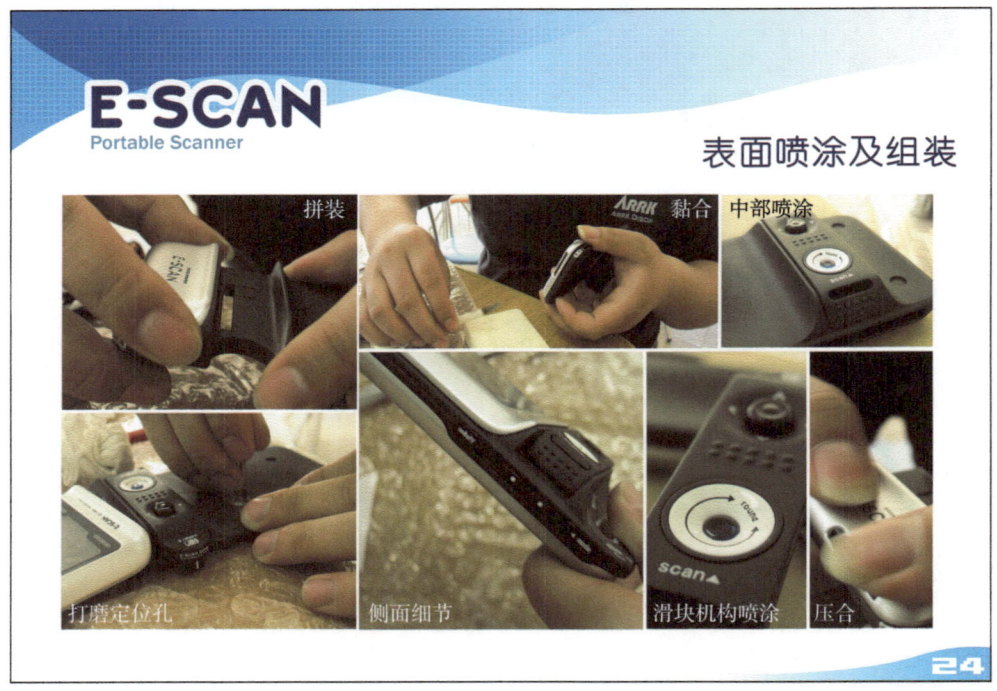

最终的实物模型细节丰富，材质效果达到了设计者的设定要求。

附录　案例分析　　　　　　　　　　　　　　　　　175

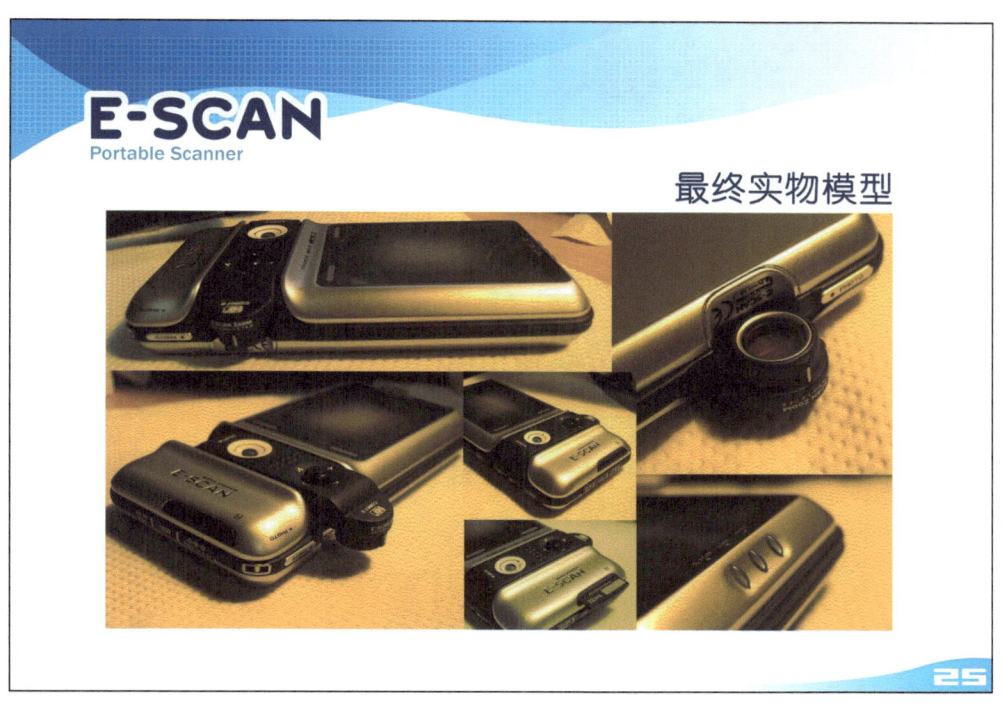

最后，设计者制作了一系列版面配合实物模型用于设计展示。这些版面表达了设计的演化过程并解释了最终的设计方案。

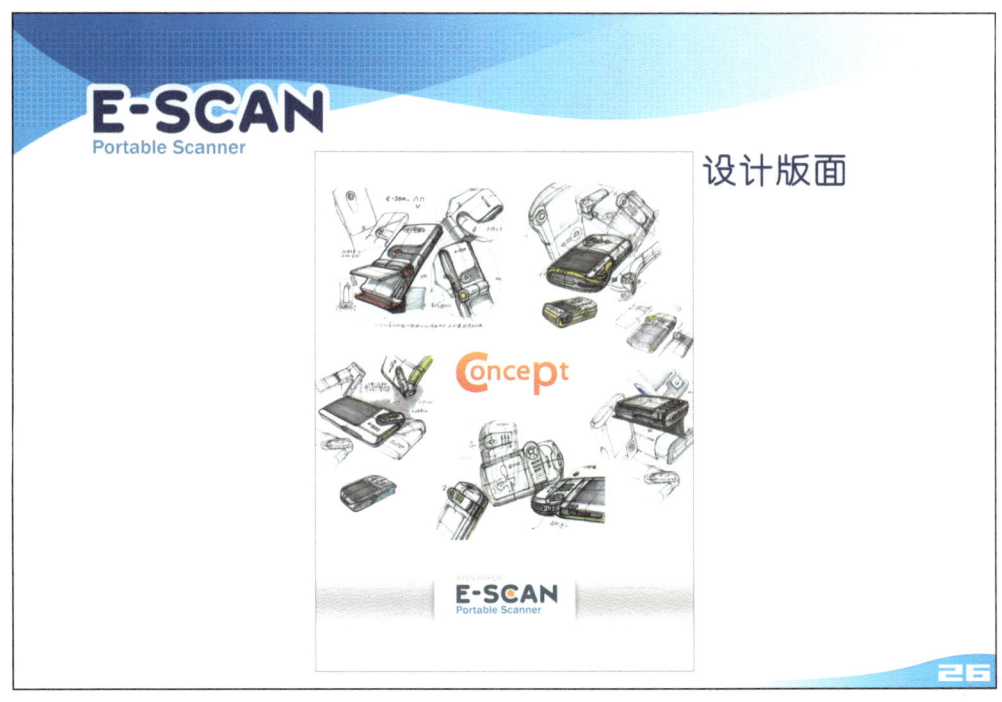

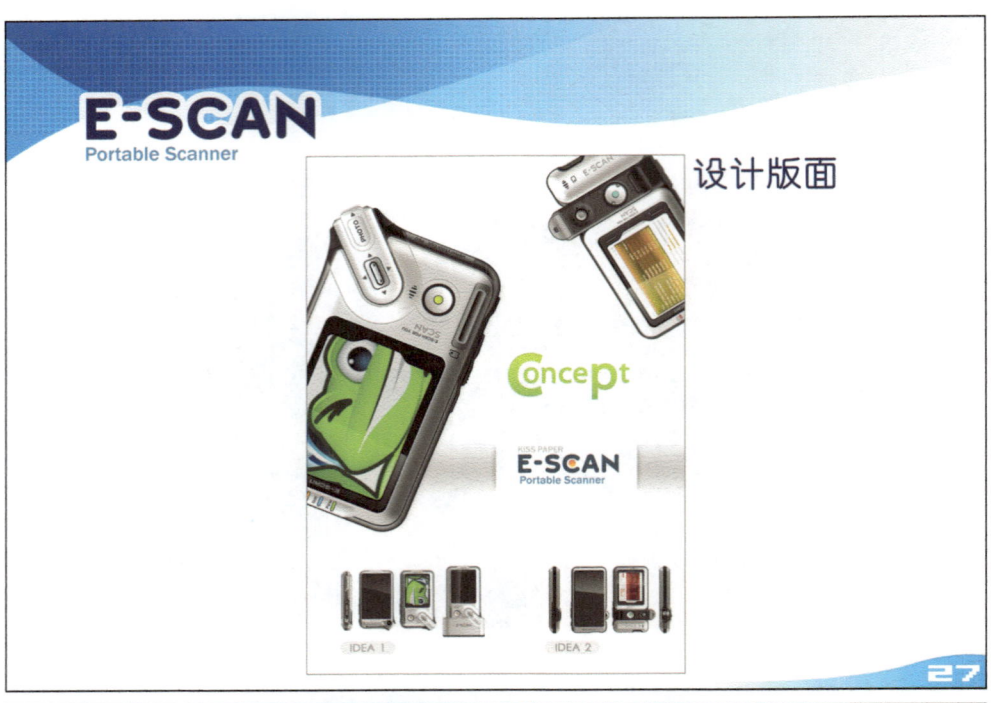

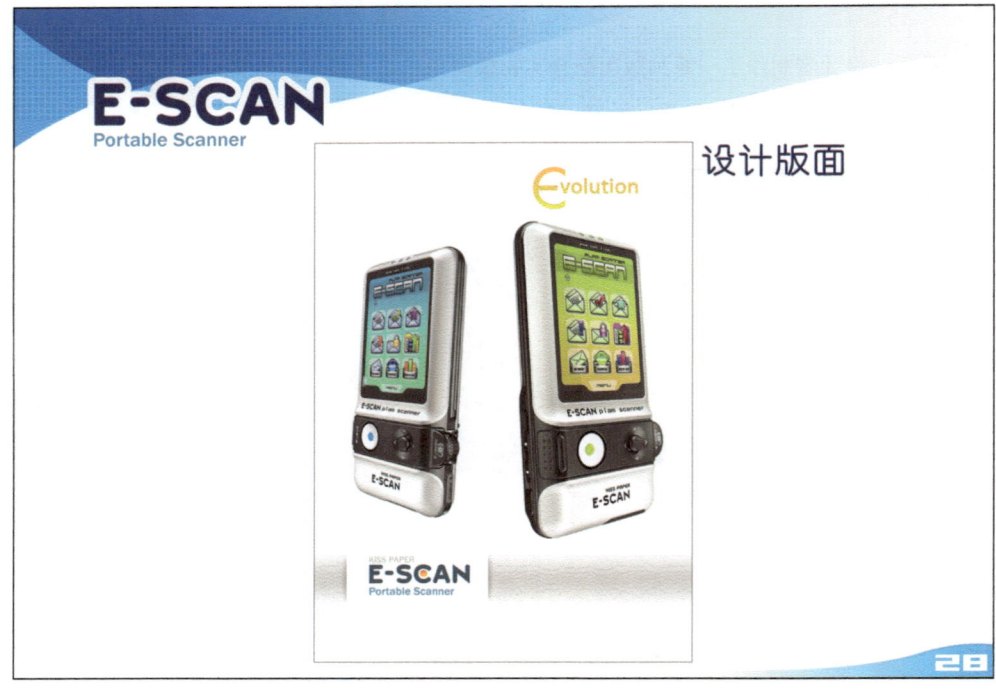

参考文献

[1] [美]汤姆·凯利,等. 创新的艺术[M]. 李煜萍,等,译. 北京:中信出版社,2004.

[2] [美]汤姆·凯利,等. 创新的十个面孔[M]. 刘金海,等,译. 北京:知识产权出版社,2007.

[3] [美]利昂·G·希夫曼,等. 消费者行为学[M]. 江林,译. 8版. 北京:中国人民大学出版社,2007.

[4] [荷]里克·莱兹伯斯. 品牌管理[M]. 李家强,译. 北京:机械工业出版社,2004.

[5] [美]迈克尔·R·所罗门,卢泰宏. 消费者行为学[M]. 中国版. 北京:电子工业出版社,2006.

[6] 董建明,等. 人机交互:以用户为中心的设计和评估[M]. 北京:清华大学出版社,2007.

[7] [日]奥出直人. 为什么你的公司生产不出iPod[M]. 台北:漫游者文化事业股份有限公司,2008.

[8] [美]Steve Mulder. 赢在用户:Web人物角色创建和应用实践指南[M]. 范晓燕,译. 北京:机械工业出版社,2007.

[9] [美]Jesse James Garrett. 用户体验的要素[M]. 范晓燕,译. 北京:机械工业出版社,2008.

[10] [美]Alan Cooper,等. About Face 3 交互设计精髓[M]. 刘松涛,译. 北京:电子工业出版社,2008.

[11] [美]Jakob Nielsen. 可用性工程[M]. 刘正捷,译. 北京:机械工业出版社,2004.

[12] [俄]根里奇·阿奇舒勒. 实现技术创新的TRIZ诀窍[M]. 林岳,等,译. 哈尔滨:黑龙江科学技术出版社,2008.

[13] [美]雅各布·戈登堡,等. 产品创新中的创造力[M]. 朱正茂,等,译. 北京:机械工业出版社,2004.

[14] [美]前田约翰. 简单法则[M]. 黄秀媛,译. 北京:中国人民大学出版社,2007.

[15] [美]T. Norman. 好用型设计[M]. 梅琼,译. 北京:中信出版社,2007.

[16] [美]Jef Raskin. 人本界面[M]. 史元春,译. 北京:机械工业出版社,2004.

[17] Jeremy Myerson. *IDEO: Masters of Innovation*[M]. London:Laurence King Publishing,2004.

[18] IDEO. *IDEO Method Cards: 51 Ways to Inspire Design (Cards)* [M]. IDEO,2003.

[19] Paul Kunkel. *Digital Dream*[M]. Califonnia: Universe Publishing,1999.

[20] Naoto Fukasawa. *Naoto Fukasawa*[M]. London: Phaidon Press,2007.

图书在版编目(CIP)数据

工业设计方法/卢艺舟,华梅立编著. —北京:高等教育出版社,2009.10
(2023.8重印)

ISBN 978-7-04-027662-6

Ⅰ.工… Ⅱ.①卢… ②华… Ⅲ.工业设计－教材 Ⅳ.TB47

中国版本图书馆CIP数据核字(2009)第139453号

策划编辑	梁存收	责任编辑	梁存收	封面设计	王凌波
责任绘图	尹 莉	版式设计	王凌波	责任校对	金 辉
责任印制	耿 轩				

出版发行	高等教育出版社	咨询电话	400-810-0598
社 址	北京市西城区德外大街4号	网 址	http://www.hep.edu.cn
邮政编码	100120		http://www.hep.com.cn
印 刷	河北信瑞彩印刷有限公司	网上订购	http://www.landraco.com
开 本	787×1092 1/16		http://www.landraco.com.cn
印 张	12.25	版 次	2009年10月第1版
字 数	230 000	印 次	2023年8月第5次印刷
购书热线	010-58581118	定 价	36.00元

本书如有缺页、倒页、脱页等质量问题,请到所购图书销售部门联系调换。

版权所有 侵权必究
物料号 27662-00

郑重声明

高等教育出版社依法对本书享有专有出版权。任何未经许可的复制、销售行为均违反《中华人民共和国著作权法》,其行为人将承担相应的民事责任和行政责任;构成犯罪的,将被依法追究刑事责任。为了维护市场秩序,保护读者的合法权益,避免读者误用盗版书造成不良后果,我社将配合行政执法部门和司法机关对违法犯罪的单位和个人进行严厉打击。社会各界人士如发现上述侵权行为,希望及时举报,我社将奖励举报有功人员。

反盗版举报电话 (010)58581999 58582371
反盗版举报邮箱 dd@hep.com.cn
通信地址 北京市西城区德外大街4号
 高等教育出版社法律事务部
邮政编码 100120

购书请拨打电话:(010)58581118